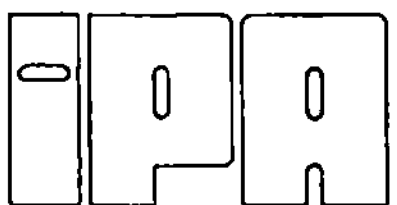

Forschung und Praxis · Band 50

**Berichte aus dem Fraunhofer-Institut
für Produktionstechnik und Automatisierung,
Stuttgart, und dem Institut
für Industrielle Fertigung und Fabrikbetrieb
der Universität Stuttgart**

Herausgeber: Prof. Dr.-Ing. H. J. Warnecke

Ekkehard Gericke

Verfügbarkeitsberechnung für komplexe Fertigungseinrichtungen

Mit 71 Abbildungen

Springer-Verlag
Berlin Heidelberg GmbH 1981

Dipl.-Ing. Ekkehard Gericke

Fraunhofer-Institut für Produktionstechnik und Automatisierung (IPA), Stuttgart

Dr.-Ing. H. J. Warnecke

o. Professor an der Universität Stuttgart
Fraunhofer-Institut für Produktionstechnik und Automatisierung (IPA), Stuttgart

D 93

ISBN 978-3-540-10779-8   ISBN 978-3-662-13368-2 (eBook)
DOI 10.1007/978-3-662-13368-2

Gesamtherstellung: Drucken + Werben GmbH   Löwenstraße 94 · 7000 Stuttgart 70 · Telefon (07 11) 76 49 59.
2362/3020—543210

Geleitwort des Herausgebers

Die Entwicklungen in der Produktionstechnik in den
letzten Jahrzehnten haben entscheidend zur positiven
wirtschaftlichen und sozialen Entwicklung in der
Bundesrepublik Deutschland beigetragen. Die Produktivität konnte jedes Jahr um durchschnittlich etwa 3,5 %
gesteigert werden. Mechanisierung und Automatisierung wurden und werden stetig weiter vorangetrieben.
Während es sich bisher jedoch um Verbesserungen an einzelnen Maschinen und Anlagen sowie Verfahren handelte,
werden heute alle Unternehmensbereiche erfaßt, und man
ist bemüht, das gesamte System Unternehmen bzw. Produktionsbetrieb zu optimieren. Das klassische Bemühen um
Optimierung des Einsatzes und Zusammenwirkens der Pro-
duktionsfaktoren Mensch, Maschine und Material muß heute
erweitert werden um die Berücksichtigung sozialer Belange,
gesetzlicher Auflagen, Probleme der Energieversorgung,
schnellen Veränderungen an den Produkten und auf den
Märkten sowie Sicherung der Qualität und der Lieferfähig-
keit.

Von wissenschaftlicher Seite wird und muß dieses Bemühen
unterstützt werden durch die Entwicklung von Methoden
und Vorgehensweisen zur systematischen Analyse und Verbesserung des Systems Produktionsbetrieb. Hier ist heute
insbesondere auch der Fertigungsingenieur gefordert,
nicht nur einzelne Maschinen und Verfahren zu beherrschen,
sondern das gesamte komplexe System hinsichtlich der Ver-
knüpfung seiner Elemente durch zweckmäßigen Informations-
und Materialfluß. Beispielhaft seien dazu nur hinsichtlich des Informationsflusses die heute gegebenen Möglichkeiten der Datenerfassung und -verarbeitung in Ferti-
gungsplanung und -steuerung, an den einzelnen

Produktionsanlagen sowie im Qualitätswesen genannt.
Im Materialfluß geht es um richtige Auswahl und Einsatz von Fördermitteln, Förderhilfsmitteln sowie Anordnung und Ausstattung von Lägern. Der weiteren Automatisierung in der Handhabung von Werkstücken und Werkzeugen sowie der Montage von Produkten wird in nächster Zukunft allergrößte Aufmerksamkeit geschenkt werden. Leistungsfähige Sensoren werden die Möglichkeiten dafür sehr stark vergrößern.

Die beiden vom Herausgeber geleiteten Institute, das Institut für Industrielle Fertigung und Fabrikbetrieb der Universität Stuttgart sowie das Fraunhofer-Institut für Produktionstechnik und Automatisierung in Stuttgart, arbeiten in grundlegender und angewandter Forschung intensiv an den aufgezeigten Entwicklungen in der Produktionstechnik mit. Zur Umsetzung gewonnener Erkenntnisse wird die Schriftenreihe "IPA Forschung und Praxis" herausgegeben. Der vorliegende Band setzt diese Reihe fort, eine Übersicht über bisher erschienene Titel wird am Schluß dieses Bandes gegeben.

Dem Verfasser sei für die geleistete Arbeit gedankt, dem Springer-Verlag für die Aufnahme dieser Schriftenreihe in seine Angebotspalette und der Druckerei für saubere und zügige Ausführung. Möge das Buch von der Fachwelt gut aufgenommen werden.

Hans-Jürgen Warnecke

<u>Vorwort des Autors</u>

Die vorliegende Arbeit entstand während meiner Tätigkeit
am Institut für Industrielle Fertigung und Fabrikbetriebs-
lehre (IFF) der Universität Stuttgart. Dem Direktor dieses
Institutes, Herrn Prof. Dr.-Ing. H.-J. Warnecke, danke ich
für sein Engagement und seine wohlwollende Förderung, mit
der er das Entstehen dieser Arbeit ermöglicht hat. Seine
Hinweise und Beurteilungen trugen wesentlich dazu bei, die
angesprochene Thematik gezielt zu vertiefen.

Herrn Prof. Dr.-Ing. G. Lechner, Direktor des Institutes
für Maschinenelemente und Gestaltungslehre A der Universität
Stuttgart, danke ich für die sorgfältige Durchsicht der Arbeit und für seine zahlreichen Diskussionsbeiträge und Ver-
besserungsvorschläge.

Herrn Dr.-Ing. E. Schulz bin ich zu Dank verpflichtet, da er
mir als ständiger Dialogpartner wertvolle Zeit geopfert und
insbesondere beim Klären der theoretischen Ansätze oft weiter-
führende Stellungnahmen abgegeben hat.

Herrn Dipl.-Ing. H. Uetz und Herrn Dipl.-Wirtsch.-Ing. R. Sei-
del danke ich für ihre bereitwilligen und kollegialen Anmer-
kungen, mit denen sie mich schon beim Entwurf der Arbeit unterstützt haben. Auch Herrn Dipl.-Wirtsch.-Ing. M. Thieleke
möchte ich für seine geduldige Mithilfe insbesondere bei den
umfangreichen statistischen Auswertungen danken.

Stuttgart, im Dezember 1980

<u>0.1   Schrifttum</u>

1.1   N.N.   Vorschlag einer Richtlinie des Rates zur
                        Angleichung der Rechts- und Verwaltungs-
                        vorschriften der Mitgliederstaaten über die
                        Haftung für fehlerhafte Produkte.
                        Bundesratsdrucksache 6o7/76
                        Bonn: Dr. Hans Heger, 1976.

1.2   Autorenteam   Technische Zuverlässigkeit.
                        2.Auflage, Hrsg.: MBB
                        Berlin/Heidelberg/New York: Springer, 1977.

1.3   Gaede, K.-W.   Zuverlässigkeit - Mathematische Modelle.
                        München/Wien: Hanser, 1977.

1.4   Koslow, B.A.,   Handbuch zur Berechnung der Zuverlässig-
      Uschakow, I.A.   keit für Ingenieure.
                        München/Wien: Hanser, 1979.

1.5   Keller, H.J.   Einführung in das Gebiet der Zuverlässig-
      et al.   keit, Verfügbarkeit und Sicherheit tech-
                        nischer Erzeugnisse.
                        VDI-Bildungswerk: Lehrgangsmanuskript
                        BW 3684 (1977).

1.6   Balfanz, H.-P.   Sicherheitsanalyse-Plan.
                        Wissenschaftliche Berichte IRS-W-2
                        Köln: Institut für Reaktorsicherheit
                        der TÜV e.V. , 1972.

1.7   Vetter, H.   Ein Beitrag zur systematischen Ordnung
                        für Verfügbarkeitsbegriffe und -erfassung
                        bei Kraftwerksanlagen.
                        Dr.-Ing. Diss. RWTH Aachen 1973.

1.8   Hiatt, W.H.,   Reliability Analysis of the proposed
      Petersen, C.C.   hierarchical computer control system
                        for large steel manufacturing complexes.
                        Purdue Laboratory for Applied Industrial
                        Control.
                        Purdue University, Indiana: Report No 93,
                        1977.

1.9   Schaffsma, A.H,   Moderne Qualitätskontrolle.
      Willemze, F.G.   Eindhoven: Philips Technische
                         Bibliothek, 1973.

1.10   Autorenteam   Zuverlässigkeit - Einführung in die
                         Planung und Analyse.
                         Hrsg.: DGQ
                         Berlin/Köln: Beuth, 1977.

1.11   Lechner,G.   Fragen der Zuverlässigkeit von Fahr-
       Hirschmann,K.H.   zeuggetrieben.
                         Konstruktion 31 (1979) 1, S. 19...26

1.12   Schulz,E.   Grundlagen zur Planung von Ersatzteil-
                         fertigungen.
                         Mainz: Krausskopf,1977.

1.13   Gerbeth, J.   Schätzung der Zuverlässigkeit von
                         Taktstraßen.
                         Maschinenbautechnik 22 (1973)5,
                         S. 205...208

1.14   Opfermann, K.   Kostenoptimale Zuverlässigkeit produktiver
                         Systeme.
                         Wiesbaden: Dr. Th. Gabler, 1968.

1.15   Redeker, G.   Technische und betriebswirtschaftliche
                         Grundlagen für die Methodenwahl bei der
                         Erhaltung betrieblicher Anlagen.
                         Dr.-Ing. Diss. TU Hannover, 1969.

1.16   Schulz, E.,   Instandhaltungsgerechtes Konstruieren von
       Uetz, H.   Fertigungseinrichtungen.
                         Berlin/Köln: Beuth, 1978.

1.17   v.Stetten, R.   Auslegung von Störungspuffern in
                         kapitalintensiven Fertigungslinien.
                         Dr.-Ing. Diss. Universität Stuttgart 1977.

1.18   Reisch, D.   Die Berücksichtigung der Zuverlässigkeits-
                         und Verfügbarkeitsanforderungen bei der
                         Planung von Maschinensystemen.
                         Dr.-Ing. Diss. TU Hannover 1978.

2.1   Konakovsky, R.   Definition und Berechnung der Sicherheit
                         von Automatisierungssystemen.
                         Braunschweig: Vieweg, 1977.

3.1 Weule, H.   Industrie-Roboter in der Karosserie-
                         Schweißtechnik.
                         VDI-Z, Band 120 (1978)Nr. 4, S.133...145

3.2 Neubrand, P.   Flexibles Fertigungssystem für Getriebe-
                         teile.
                         Werkstatt und Betrieb 108 (1975) Nr. 8
                         S.481...487

3.3 Naumann, W.,   Arbeitswissenschaftliche Schwerpunkte
     H.W. Geist,   in der Instandhaltung von numerisch
     P. Winkel   gesteuerten Werkzeugmaschinen.
                         Wiss. Z. d. Techn. Hochschule
                         Karl-Marx-Stadt 20 (1978) Heft 2
                         S.209...216

3.4 Warnecke, H.-J.,   A programmable assembly system with
     Haaf, D.,   software-integrated optical sensor for
     Schmidt, U.   process control and fast product
                         change-over.
                         Nancy: Proceedings 11th CIRP International
                         Seminar on Manufacturing Systems, 1979.

4.1 Reinschke, K.   Zuverlässigkeit von Systemen.
                         Band 1
                         Berlin: VEB Verlag Technik, 1973.

4.2 Müller, R.   Bestimmen der Zuverlässigkeit von
                         Systemen aus der Zuverlässigkeit ihrer
                         Komponenten.
                         Qualität und Zuverlässigkeit 19 (1974)
                         Heft 8 S.177...182

4.3 Dreger, W.   Planung der Verfügbarkeit von Förder-
                         Anlagen.
                         VDI-Z. 119 (1977) Nr.5 S.245...249

4.4 Ferschl, F.   Markov-Ketten.
                         Lecture Notes in Operations Research
                         and Mathematical Systems Nr. 35
                         Berlin/Heidelberg/New York: Springer,
                         1970.

4.5 Autorenteam   Nonelectronic Reliability Notebook.
                         Hrsg.: Hughes Aircraft Company
                         National Technical Information Service
                         AD/A-005 657 , 1975.

4.6   Zastrow, F.   Beitrag zur Erweiterung rechnergeführter
                          Fertigungssysteme.
                          Dr.-Ing. Diss. TU Berlin 1975.

5.1   Rusch, E.   Theorie und Praxis von
                          Lebensdauerverteilungen. in:
                          Technische Zuverlässigkeit in
                          Einzeldarstellungen. Heft 2
                          Hrsg.: A. Etzrodt
                          München/Wien: Oldenbourg, 1964

5.2   Schneeweiss,   Zuverlässigkeits-Systemtheorie.
      W.G.   Arbeitsunterlagen zu Seminar S-1-708-03-8
                          Essen: Haus der Technik, 1978.

5.3   Weibull, W.   A Statistical Distribution Function of
                          Wide Applicability.
                          Transactions of ASME, J.appl. Mech. 18
                          (1951), S.293...297.

5.4   Trautmann, K.   Rechnerische Bestimmung der Wahrschein-
                          lichkeitsverteilung von Betriebs- und
                          Ausfallzeiten bei Maschinenaggregaten
                          als Grundlage der Zuverlässigkeitsanalyse.
                          Qualität und Zuverlässigkeit 21 (1976) 1
                          S.2...6

5.5   Gnedenko, B.W.,   Mathematische Methoden der Zuverlässig-
      Beljajew, J.K.,   keitstheorie II.
      Solowjew, A.D.   Berlin: Akademie-Verlag,1968.

5.6   Sachs, L.   Statistische Auswertungsmethoden.
                          Berlin/Heidelberg/New York: Springer,1968.

5.7   N.N.   MIL-HDBK 217 B: Reliability stress and
                          failure rate data for electronic equipment.
                          Washington, D.C.: Departm. of Defense, 1974.

5.8   Becker, G.   Ausfallzeiten an NC-Maschinen.
                          Werkstatt und Betrieb 111(1978) 12
                          S.797...802

5.9   Weber, H.   Statistische Auswertung von Lebensdauer-
                          versuchen nach Weibull bei Entwicklung von
                          Bauelementen der Pneumatik.
                          Ölhydraulik und Pneumatik 20(1976) Nr. 8
                          S.529...533

8.1   N.N.   Zuverlässigkeitssicherung bei Auto-
                          mobilherstellern und Lieferanten.
                          Hrsg.: Verband der Automobilindustrie e.V.
                          Frankfurt/M. 1976.

8.2   Petermann, J.,   Probleme der Zuverlässigkeitsanalyse für
      Pester, K.-H.   Maschinen und Strukturen des Maschinenbaus.
                          Fertigungstechnik und Betrieb 23(1973) 7,
                          S.415...421

10.1 Kolmogoroff,   Grundbegriffe der Wahrscheinlichkeitsrechnu
      A.N.   Berlin: Springer,1933

10.2 Störmer, H.   Semi-Markov-Prozesse mit endlich vielen
                          Zuständen.
                          Berlin/Heidelberg/New York:Springer,197o

0.2   Verwendete Größen und Einheiten

Größe	Einheit	Erläuterung
a		Ereignis
B		Anzahl von Störungen
$\dfrac{d}{dt}$		zeitliches Differential
d(t)	min^{-1}, h^{-1}	Instandsetzungsquote
e_i		Elementarereignis i
E		statistischer Erwartungswert
f(t)		zeitabhängige Störungsdichte
F(t)		zeitabhängige Störungswahrscheinlichkeit
g(t)		relative Störungshäufigkeit
G(t)		Störungssummenhäufigkeit
h(t)		relative Instandsetzungshäufigkeit
h_a		relative Häufigkeit des Ereignisses a
H(t)		Instandsetzungssummenhäufigkeit
H		Häufigkeit eines Ereignisses
I		Anzahl von Instandsetzungen
K_A	DM/a	Abschreibungskosten
K_I	DM/a	Instandhaltungskosten
K_K	DM/a	Kosten durch kalkulatorische Zinsen
K_{MH}	DM/h	Maschinenstundensatz
m(t)		Instandsetzungsdichte
M(t)		Instandsetzungswahrscheinlichkeit
N		Anzahl von Wiederholungen eines zufälligen Experiments
p		Wahrscheinlichkeit
p_{ij}		Wahrscheinlichkeit eines Übergangs vom Zustand i nach Zustand j
P(a)		Wahrscheinlichkeit eines Ereignisses a
P(a|b)		Wahrscheinlichkeit eines Ereignisses a unter Vorraussetzung von b
q(t)	min^{-1}, h^{-1}	Störungsquote
Q		relative Störungsfreiheit

Größe	Einheit	Erläuterung
$R(t)$		zeitabhängige Betriebsdauer-wahrscheinlichkeit
R_S		Zuverlässigkeit eines Seriensystems
R_p		Zuverlässigkeit eines Parallelsystems
s		sicheres Ereignis
S		Boolesche Systemfunktion
$S(t)$		zeitabhängige Boolesche Systemfunktion
S_S		Boolesche Systemfunktion eines Seriensystems
S_p		Boolesche Systemfunktion eines Parallelsystems
t_N	min,h	Nutzungszeit einer Fertigungs-einrichtung
T	s,min,h	definierte Zeitdauer
T_A	s,min,h	störungsfreie Betriebsdauer
T_c	s,min,h	charakteristische Zeit der Weibull-Verteilung
T_O	s,min,h	Zeitdauer einer organisatorischen Störung
T_p	s,min,h	Zeitdauer für geplanten Stillstand
T_R	s,min,h	Instandsetzungsdauer
T_S	s,min,h	Zeitdauer einer Störung bis zum Wiederinbetriebnehmen
T_o	s,min,h	Mindestzeitdauer
$\bar{T}$	s,min,h	arithmetisches Mittel mehrerer Zeitdauern
U	%	Unverfügbarkeit
v	m/s	Geschwindigkeit
V	%	technische Verfügbarkeit
V_S	%	System-Verfügbarkeit
w		Wichtungsfaktor
X		Boolesche Zustandsvariable
$X(t)$		zeitabhängige Boolesche Zustandsvariable

Größe	Einheit	Erläuterung
α		Lage-Parameter der Weibull-Funktion
$\overline{\alpha}$		obere Vertrauensgrenze des Parameters
$\underline{\alpha}$		untere Vertrauensgrenze des Parameters
β		Form-Parameter der Weibull-Funktion
$\overline{\beta}$		obere Vertrauensgrenze des Parameters
$\underline{\beta}$		untere Vertrauensgrenze des Parameters
γ	%	statistische Aussagesicherheit
Δ		Differenz
η	%	zeitlicher Nutzungsgrad
ϑ	%	statistische Irrtumswahrscheinlichkeit
λ	$\text{min}^{-1}, \text{h}^{-1}$	Störungsrate
$\lambda\,(t)$	$\text{min}^{-1}, \text{h}^{-1}$	zeitabhängige Störungsrate
λ_{ij}	$\text{min}^{-1}, \text{h}^{-1}$	bedingte Übergangswahrscheinlichkeit vom Zustand i in den Zustand j im Sinne einer Störung
μ	$\text{min}^{-1}, \text{h}^{-1}$	Instandsetzungsrate
$\mu\,(t)$	$\text{min}^{-1}, \text{h}^{-1}$	zeitabhängige Instandsetzungsrate
μ_{ij}	$\text{min}^{-1}, \text{h}^{-1}$	bedingte Übergangswahrscheinlichkeit vom Zustand i in den Zustand j im Sinne einer Instandsetzung
π		Grenzwahrscheinlichkeit
ρ		technische Verfügbarkeitsdichte

1   Einleitung

1.1   Ausgangssituation

Die Entwicklung in der Fertigungstechnik ist gekennzeichnet durch zunehmende Automatisierung. Ein selbsttätiges Ablaufen von Produktionsprozessen bewirkt, daß die dafür benötigten Einrichtungen zunehmend komplexer werden. Komplexität als Eigenschaft von Fertigungssystemen bedeutet,
daß ein System aus einer Vielzahl von Untersystemen wie
einzelnen Bearbeitungsstationen, Steuerung und Antrieb
besteht sowie aus Systemelementen, d. h. einzelnen Bauelementen und Baugruppen. Zwischen diesen treten zahlreiche
und vielfältige Beziehungen wie gegenseitige mechanische
oder thermische Belastungen auf. Je komplexer ein Fertigungssystem und je höher die beim Fertigungsprozeß auftretende Ereignisdichte ist, desto größer ist die Wahrscheinlichkeit technischer und/oder organisatorischer
Störungen (<u>Bild 1</u>). Mit steigendem Automatisierungsgrad

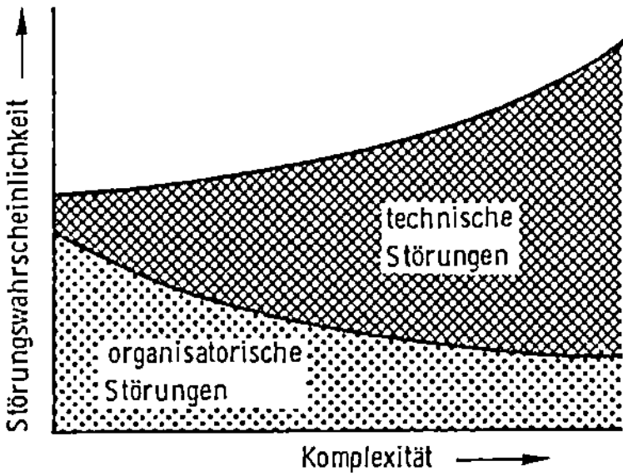

<u>Bild 1</u> : Störungswahrscheinlichkeit fertigungstechnischer
        Systeme

wird bei günstigem Systementwurf der Anteil der organisa-
torisch bedingten Stillstände abnehmen, da die Vorgänge
im System nach vorgesehenem und erprobtem Programm
zwangsweise ablaufen, der Anteil der technischen Störungen hingegen wird zunehmen.

Infolge von Störungen im Ablauf von automatisierten Fertigungsprozessen kann die sonst vorhandene Fertigungs-

kapazität nicht ausgeschöpft werden. Bei störungsempfindlichen Fertigungsprozessen und -einrichtungen kann sich
der Anteil der Stillstandszeit an der Bereitschaftszeit
derart erhöhen, daß einerseits eine Fertigung auf der betrachteten Anlage unwirtschaftlich wird und andererseits
nachgeschaltete Fertigungs- und Montageabläufe durch das
Aufbrauchen von zwischengespeicherten Vorräten zum Stillstand kommen. Darüber hinaus lassen sich dann zugesagte
Lieferzeiten nicht mehr einhalten und ein Überwechseln des
Kunden zum Mitbewerber kann folgen. Deshalb ist die Sicherung einer ausreichenden Zuverlässigkeit und kosten-
orientierten Verfügbarkeit automatisierter Fertigungseinrichtungen für ein wirtschaftliches und marktorientier-
tes Herstellen technischer Erzeugnisse unumgänglich.

Nicht nur für den Betreiber, sondern auch für den Hersteller von Produktionsanlagen erhält die Zuverlässigkeits-
und Verfügbarkeitssicherung zunehmende Bedeutung. Durch
den Wettbewerb auf dem Weltmarkt sind die Unternehmen zu
schneller und umfangreicher Garantieleistung gezwungen.
Die Kosten für Garantie- und Kulanzleistungen werden vom
Hersteller getragen und werden ihn in Zukunft dazu zwin-
gen, besonders bei komplexen Fertigungseinrichtungen die
Verfügbarkeitssicherung bereits in der Phase des System-
entwurfs zu berücksichtigen. Durch die zu erwartende Ver-
schärfung der gesetzlichen Bestimmungen über die Produ-
zentenhaftung /1.1/ müssen Hersteller von Fertigungseinrichtungen in Zukunft mögliche Folgekosten berücksichtigen, die nach Ablauf der Garantiezeit anfallen können.

1.2   Stand der Technik

Die zufallsabhängigen Größen Zuverlässigkeit und Verfügbarkeit
lassen sich für automatische Fertigungsabläufe dann gezielt
beeinflussen, wenn sie durch einen daten- und methodengestütz-
ten Quantifizierungsansatz beschrieben werden können.

In der Luft- und Raumfahrt sind seit mehreren Jahrzehnten
zuverlässigkeitstheoretische Methoden und praktische Verfahren zur Zuverlässigkeitssicherung entwickelt und angewendet worden /1.2/. Die theoretischen Verfahren zur
Analyse und Planung der Zuverlässigkeit technischer Systeme
haben heute einen hohen Stand erreicht/1.3,1.4/. In der bemann-
ten Raumfahrt und in der Luftfahrt kommt wegen der Gefährdung
von Menschenleben der Aspekt der "Sicherheit" dazu /1.5/. Die
mögliche außerordentliche Gefährdung einer sehr großen Zahl
von Menschen macht bei Anlagen der chemischen Verfahrenstech-
nik, der Energietechnik, dabei insbesondere der Nukleartechnik,
Zuverlässigkeitsberechnungen und entsprechende Maßnahmen zum
Einhalten der geforderten Werte notwendig /1.6/. Gleichzeitig
spielen bei produktionstechnischen und bei Energieerzeugungs-
und -verteilungsanlagen wirtschaftliche Überlegungen für die
Zuverlässigkeits- und Verfügbarkeitssicherung eine ausschlag-
gebende Rolle/1.7,1.8/.

In der Fertigungstechnik hat man sich mit der Zuverlässigkeit
zunächst produktorientiert aus der Sicht der statistischen Qualitätskontrolle / 1.9 /, in neuerer Zeit auch mit der Zuverlässigkeit als produktinhärentem Qualitätskennzeichen von Serien-
erzeugnissen beschäftigt/1.1o,1.11/. Eine zuverlässigkeitstheoretische Auswertung der Lebensdauerdaten technischer Erzeugnisse
kann für die Prognose eines zukünftig zu erwartenden und sei-
tens der Fertigung abzudeckenden Ersatzteilbedarfs herangezogen werden /1.12/.

In /1.13/ werden erste Ansätze für die Berechnung der Zuverlässigkeit von Taktstraßen beschrieben, ohne daß die Auswirkung
von zuverlässigkeitserhöhenden und instandhaltungszeitverkür-
zenden Maßnahmen quantifiziert werden.

Die Eigenschaft von Fertigungseinrichtungen, "reparierbar" zu
sein, stellt den Begriff der Verfügbarkeit in den Vordergrund.
Aufgrund der mit steigender Komplexität fertigungstechnischer
Systeme zunehmenden Häufigkeit technischer Störungen wurden
viele Methoden und technische Hilfsmittel erarbeitet, verfüg-
barkeitsmindernde Stördauern zu verkürzen. Dafür geeignete organisatorische Maßnahmen wie z.B. Optimierung von Reserveteil-

beständen für Fertigungseinrichtungen werden von Opfermann
/1.14/ unter Kostengesichtspunkten bewertet. Redeker /1.15/
beschreibt technische Maßnahmen und Möglichkeiten zum Verkürzen
der Instandhaltungszeiten und Vermindern der Schadenskosten bei
Fertigungseinrichtungen. Hilfsmittel für das instandhaltungs-
gerechte   Konstruieren von Fertigungseinrichtungen wie in
/1.16/ beschrieben enthalten eine Reihe von konstruktiven Möglichkeiten zum Vermindern des Aufwandes für Wartung, Inspektion
und Instandsetzung.
Zum Begrenzen der Auswirkungen von Störungen auf nachgeschaltete Fertigungseinrichtungen hat v. Stetten /1.17/ Berechnungsmethoden entwickelt, mit der die Puffergröße in Fertigungslinien unter Kostengesichtspunkten optimiert werden kann. Für
den Bereich der automatisierten Montage wurden allgemein grund-
legende Ansätze zur Verfügbarkeitserhöhung erarbeitet /1.18/
und in Form eines Ablaufschemas für den praktischen Einsatzfall
konkretisiert.

Alle genannten Überlegungen gehen davon aus, daß ein Verfügbar-
keits-Soll-Wert der betrachteten Fertigungseinrichtungen vorliegt und möglichst kostengünstig erreicht und eingehalten werden soll. Dabei stellt gerade das Ermitteln eines zu erreichenden Verfügbarkeitswertes einer Fertigungseinrichtung die entscheidende Voraussetzung für die Investitionsentscheidung über
Einsatz und Auswahl verfügbarkeitserhöhender Maßnahmen dar.

1.3   Aufgabenstellung

Da es sich bei Fertigungseinrichtungen um reparierbare Systeme
handelt, eröffnen sich zwei grundsätzlich verschiedene Möglichkeiten als Maßnahmen zum Erhöhen der Verfügbarkeit:

- Vergrößern der störungsfreien Betriebsdauer und
- Verkürzen der Störungsdauer .

Diese Ziele können erreicht werden durch einzeln oder im Verbund durchzuführende Maßnahmen in den Bereichen Personalwesen,
Organisation und Technik (Bild 2). Der für ein Verkürzen der
Störungsdauer einmalig und wiederholt auftretende Kostenauf-
wand muß den Investitionskosten für das Erhöhen der Anlagenzu-
verlässigkeit gegenübergestellt werden. Der Mitteleinsatz muß
dabei nach dem Kriterium der minimalen Herstellkosten optimiert werden.

WIRKUNGS-BEREICH	während der Konstruktion und Entwicklung	während des Betriebes einer Fertigungseinrichtung		während des Stillstands einer Fertigungseinrichtung	
Personal	Qualifikation Motivation Erfahrung	Qualifikation Motivation Erfahrung Schulung	des Fertigungs-personals	Anzahl Qualifikation Motivation Erfahrung Schulung	des Instand-haltungs-personals
Organisation	Systematisches Konstruieren Pflichtenheft Zuverlässigkeits-programm (z. B. nach VDI 4008) Erfahrungsaus-tausch mit Anwendern	Arbeitsplatzgestaltung Materialfluß Informationsfluß Qualitätsprüfung		Aufbau- und Ablauf-organisation der Instand-haltung Störungsmeldung Reserveteile Service-Anleitungen Dezentrale Werkstätten	
Technik	Festigkeitsrechnung Werkstoffe Fertigungstoleran-zen Zuverlässigkeits-berechnungen Versuchsreihen	Maschinenüber-wachung Überlastschutz Vorbeugende Instandhaltung Regelmäßige Inspektion Umgebungsbe-dingungen		Diagnosehilfsmittel Werkzeuge Technisch-konstruktive Änderungen Austauschbare Baugruppen	

Bild 2 : Zielbereiche für verfügbarkeitserhöhende Maßnahmen
in der Fertigungstechnik

Das Ziel der vorliegenden Arbeit ist,

das zufallsabhängige technisch bedingte Störverhalten hochauto-matisierter Fertigungseinrichtungen im mathematischen Modell zu beschreiben und für eine Berechnung der langfristig zu erwarten-den Verfügbarkeit zugänglich zu machen.

Dazu ist zunächst

1. eine Abgrenzung der verfügbarkeitsrelevanten Zustände und

2. eine Definition von Kennwerten zum Beschreiben der Zuver-lässigkeit und Instandsetzungseignung von Fertigungsein-richtungen notwendig.

Weiterhin müssen

3. Algorithmen gefunden werden, mit deren Hilfe die Verfügbar-keit und damit auch mögliche Verfügbarkeitsverbesserungen aus Zuverlässigkeits- und Instandsetzungskennwerten ermittelt werden können.

Zum Bewerten verfügbarkeitserhöhender Maßnahmen sind

4. Daten über Betriebs- und Störungskosten von Fertigungsein-richtungen erforderlich.

Für die praktische Durchführung einer solchen Bewertung muß angegeben werden, wie

5. diesbezügliche Kostengrößen aus üblicherweise in den Be-trieben vorhandenen Daten herausgefiltert werden können.

2 Zuverlässigkeitstheoretische Begriffe und Kennwerte für Fertigungseinrichtungen

2.1 Begriffe und Definitionen

2.1.1 Zufall im fertigungstechnischen System

Fertigungstechnische Systeme werden als determinierte Systeme geplant, d.h. nur das geplante Systemverhalten wird beim Systementwurf berücksichtigt. Die tägliche Erfahrung zeigt aber, daß alle technischen Systeme immer auch stochastisches Verhalten aufweisen, daß sie also durch beim Entwurf nicht berücksichtigte externe Einflüsse und/oder systeminterne Veränderungen ihr Verhalten und ihre Eigenschaften ungewollt verändern. Die in der Fertigungstechnik bedeutendste stochastische Änderung des Systemverhaltens ist der ungewollte Stillstand einer Fertigungseinrichtung. Der Zeitraum bis zum Eintritt einer ungewollten Verhaltens- und/oder Eigenschaftsänderung ist nicht ex ante zu bestimmen, er ist eine Zufallsgröße.

Dagegen ist eine solche Eigenschaftsänderung selbst nicht zufällig, da sie stets technisch-physikalische Ursachen besitzt, die im nachherein bei entsprechendem Aufwand meist beliebig genau erkennbar sind (z.B. Erhöhung von Reibung infolge von Verschmutzung, Inhomogenität im Werkstoff, ungenügende Schmierung). Ein Vorherbestimmen dieser Ursachen ist entweder wegen Erkenntnisschranken unmöglich oder kann wegen des extrem großen Planungs-, Entwicklungs- und Untersuchungsaufwandes nicht in Betracht gezogen werden. Zudem sind Systembeeinflussungen von außen z.B. durch menschliche Fehlbedienung nicht prognostizierbar. Als Ausweg bietet es sich an, das System oder seine Baugruppen eine zeitlang allen denkbaren Betriebsbeanspruchungen auszusetzen, um dann bei einer Systemstörung über eine Ursachenanalyse auf die Ursachen der Verhaltens- und Eigenschaftsänderung zurückzuschließen (Beispiel: Kfz-Dauertest im Vollastbetrieb in Wüsten- und Polarumgebung).
Die Zufälligkeit der Eigenschaftsänderung technischer Systeme liegt also in ihrem statistischen Charakter und nicht in der Abwesenheit physikalischer Ursachen.

2.1.2 Ereignis und Elementarereignis

Eine durch physikalische Ursachen ausgelöste Eigenschafts-
oder Zustandsänderung eines fertigungstechnischen Systems kann
als Ereignis definiert werden. Ein Ereignis a ist eine Vereinigungsmenge von gewissen Elementen e_1, e_2, e_3..., sogenann-
ten Elementarereignissen; ein Elementarereignis e_i ist dabei
ein Ereignis, das für die jeweilige Betrachtung nicht weiter
untergliedert wird.

Wenn ein System n Komponenten mit je zwei elementaren Zustands-
möglichkeiten besitzt, so können 2^n Ereignisse eintreten. Eine
NC-Werkzeugmaschine kann z.B. in sechs zuverlässigkeitsrele-
vante Baugruppen unterteilt werden (Bild 3), die jeweils durch

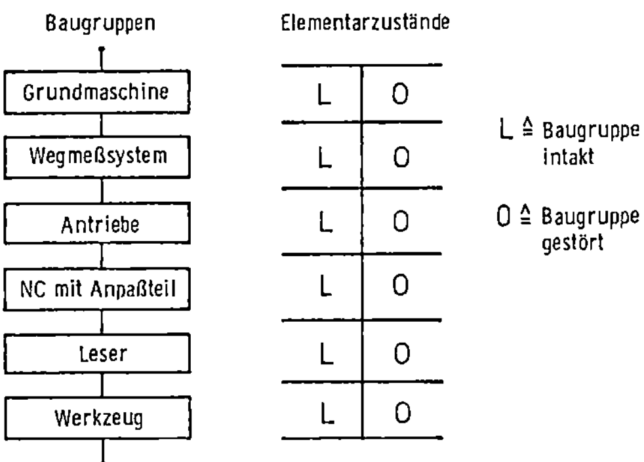

Bild 3 : Zuverlässigkeitsbestimmende Baugruppen einer NC-
Werkzeugmaschine

die Elementarereignisse "Störung" bzw. "Ende einer Instandsetzung" die Elementarzustände "intakt" und "gestört" annehmen
können. Dann gibt es einen Zustand "NC-Maschine intakt" und
$2^6 - 1 = 63$ mögliche Zustände "NC-Maschine gestört", wobei jeder
Zustand aus einer Vereinigungsmenge von 6 Elementarzuständen
besteht.

Bei wiederholtem Auftreten eines zufälligen Ereignisses a läßt
sich diesem Ereignis über den Grenzwert der relativen Häufigkeit h_a ein Wert P(a) zuordnen (siehe Anhang, Kap. 10.1). P(a)
heißt Wahrscheinlichkeit des Ereignisses a.

2.1.3 Ungeplante Ereignisse in Fertigungsprozessen

Die zahlreichen Begriffe, die ungeplante zufällige, aber mit
einer bestimmten Wahrscheinlichkeit $P(a_i)$ auftretenden Ereignisse a_i in technischen Systemen beschreiben, haben in verschiedenen Bereichen der Technik unterschiedliche Bedeutung.
Der Versuch, die Zuverlässigkeit von Fertigungseinrichtungen
systematisch und quantitativ zu beschreiben, macht eindeutige
Definitionen notwendig.

Ein _Mangel_ ist eine Abweichung von den geforderten Leistungs-
eigenschaften, die aber das Erreichen des Leistungszieles nicht
verhindert, sondern nur erschwert oder nur mit einer Gefährdung für den arbeitenden Menschen oder für die Fertigungseinrichtungen zuläßt.

Ein _Fehler_ bezeichnet eine unzulässige Abweichung von Sollvor-
gaben (DIN 31051). Ein Fehler tritt sowohl an maschinellen Einrichtungen (hardware) z.B. als Konstruktionsfehler oder Mate-
rialfehler als auch im gedanklich-logischen Bereich (software)
z.B. als Programmfehler, Programmierfehler, Planungsfehler oder
Bedienungsfehler auf. Durch einen Fehler wird im allgemeinen
die geforderte Eigenschaft von Bauteilen bzw. Systemen oder das
Ziel eines Ablaufes nicht erreicht. Zwischen der Entstehung
und der Erkennung eines Fehlers kann längere Zeit verstreichen.

Wird ein Fehler nicht erkannt und behoben, führt er zeitabhängig meist zu einem _Schaden_, d.h. zu einer unzulässig großen
bleibenden Veränderung der betrachteten Einheit, die aber nicht
notwendigerweise zu einem Systemstillstand führt. Dabei ist es
gleichgültig, ob die Veränderung der Betrachtungseinheit durch
Instandsetzung oder durch Ersatz behoben werden kann.

Zu den zentralen Begriffen der Zuverlässigkeitstechnik gehören
die Begriffe "Störung" und "Ausfall". Wenn technische Systeme
in ihren Eigenschaften und Funktionen ungewollt beeinträchtigt
werden, so sagt man, reparierbare Systeme werden gestört, nicht-
reparierbare Systeme fallen aus. In der Fertigungstechnik versteht man deshalb unter einer _Störung_ ein vorübergehendes unge-
wolltes Aussetzen bzw. eine unzulässige Verminderung der qua-
litativen und/ oder quantitativen Leistungsfähigkeit einer Fer-

tigungseinrichtung. Störungen werden nach ihren Ursachen in
technische und organisatorische Störungen unterteilt und vermindern die Verfügbarkeit von Systemen.

Ein Ausfall (siehe auch DIN 40042) eines technischen Systems
oder seiner Elemente beendet deren Lebensdauer dadurch, daß es
geforderte und bei Einsatzbeginn vorhandene Eigenschaften nicht
mehr aufweist. Der Ausfall einer Betrachtungseinheit muß nicht
notwendigerweise zu einer Störung oder zu einem Ausfall des
übergeordneten Systems (Folgeausfall) führen. Der Zuverlässig-
keitsbegriff "Ausfall" ist bauteil-, eigenschafts- und zuver-
lässigkeitsorientiert, während der Begriff der Störung ablauf-
orientiert auf Systeme und Prozesse unter dem Gesichtspunkt
der Verfügbarkeit bezogen werden muß. In der Praxis werden
trotzdem beide Begriffe häufig synonym verwendet.

Ein System ist sicher, wenn bei Störungen oder Ausfällen keine
den Menschen oder bedeutende Sachwerte gefährdende Systemzustände oder -wirkungen entstehen / 2.1 /.

2.2   Kennwerte

Die Zuverlässigkeit von Bauteilen wird üblicherweise dadurch
ermittelt, daß eine Großzahl von entsprechenden Betrachtungseinheiten einer definierten Beanspruchung ausgesetzt wird und
die in jeweils gleich langen Zeiträumen ausfallenden Bauteile
gezählt werden. Die Aussagekraft der so ermittelten statistischen Zuverlässigkeitskennwerte ist dabei umso größer, je
größer die Anzahl der beobachteten Einheiten und Ausfälle ist.
Diese Vorgehensweise ist aber auf die Ermittlung entsprechender Kennwerte für Fertigungseinrichtungen nicht übertragbar,
da insbesondere bei komplexen Fertigungssystemen und Sondermaschinen nur eine einzige Beobachtungseinheit herangezogen werden kann, so daß über die Anzahl von Betrachtungseinheiten keine
verwertbare statistische Aussage gefunden werden kann. Eine
grundsätzlich andere Vorgehensweise bietet sich dadurch an, daß
man die betreffende Fertigungseinrichtung über einen langen
Zeitraum hinweg beobachtet und die auftretenden störungsfreien
Betriebsdauern und die Instandsetzungsdauern ermittelt. Wenn
man davon ausgeht, daß sich eine Fertigungseinrichtung nach

einer Instandsetzung wieder im Ausgangszustand befindet, lassen
sich auf dieser Grundlage die folgenden Zuverlässigkeits- und
Instandsetzungskennwerte definieren.

2.2.1   Zuverlässigkeitskennwerte

Die Betriebsdauer T_A eines fertigungstechnischen Systems ist
eine nichtnegative Zufallsgröße, die die Zeit t von der erst-
maligen oder wiederholten Inbetriebnahme bis zum Auftreten
einer Störung im System angibt (Bild 4). Wenn B_N die Anzahl

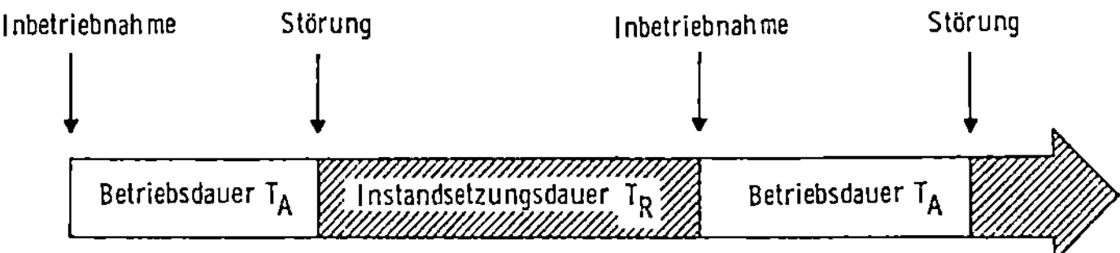

Bild 4 : Zeitliche Folge von Betriebs- und Instandsetzungs-
         dauern

aller innerhalb eines längeren Beobachtungszeitraumes auftretenden Störungen und B(t) die Anzahl von Betriebsdauern mit
einer Dauer $T_A \leq t$ darstellen, so läßt sich die Störungssummenhäufigkeit G(t) zu

$$G(t) = \frac{B(t)}{B_N} \qquad (2.1)$$

bestimmen. Das Komplement zu Eins der Verteilung G(t) ist die
relative Störungsfreiheit Q(t) = 1 - G(t), die sich demnach
aus

$$Q(t) = \frac{B_N - B(t)}{B_N} \qquad (2.2)$$

errechnen läßt. Die relative Störungshäufigkeit g(t) wird festgelegt durch

$$g(t) = \frac{B(t + \Delta t) - B(t)}{B_N \cdot \Delta(t)} \qquad (2.3)$$

Sie gibt den Anteil von Störungen an der insgesamt aufgetrete-
nen Störungsanzahl B_N an, der nach einer Betriebsdauer $t \leq T_A$
$\leq t + \Delta t$ auftritt. Als vierter signifikanter Zuverlässigkeits-
kennwert für das Beschreiben des Störverhaltens fertigungstechnischer Systeme soll die Störungsquote q(t) als

$$q(t) = \frac{1}{\Delta t} \cdot \frac{B(t+\Delta t) - B(t)}{B_N - B(t)} \qquad (2.4)$$

definiert werden. Sie gibt den zeitintervallbezogenen Anteil
von Störungen an der Menge aller Betriebsdauern mit $T_A > t$ an,
der nach einer Betriebsdauer $t \leqq T_A \leqq t + \Delta t$ auftritt.
Diese vier diskreten Zuverlässigkeitskennwerte sind Schätzwerte
für entsprechende stetige Größen, die entstehen, wenn man die
Anzahl der beobachteten Störungen $B_N \longrightarrow \infty$ und das betrachtete
Zeitintervall $\Delta t \longrightarrow 0$ gehen läßt:
Die Störungssummenhäufigkeit G(t) geht über in die Störungswahrscheinlichkeit F(t):

$$F(t) = P(T_A \leqq t). \qquad (2.5)$$

Das entsprechende Komplement zu Eins ist die Betriebsdauerwahrscheinlichkeit R(t):

$$R(t) = 1 - F(t). \qquad (2.6)$$

Sie gibt die Wahrscheinlichkeit an, daß eine Betriebsdauer
$T_A > t$ ist. Diese Verteilungsfunktion kann auch als Zuverlässigkeitsfunktion einer Fertigungseinrichtung bezeichnet werden.
Die relative Störungshäufigkeit g(t) wird im stetigen Fall zur
Störungsdichte f(t), die die Wahrscheinlichkeit angibt, daß
ein Betriebsdauerende zum Zeitpunkt t erreicht wird:

$$f(t) = \frac{d\,F(t)}{dt}. \qquad (2.7)$$

Die stetige Verteilung zur Störungsquote q(t) ist die Störungsrate $\lambda(t)$, die sich zu

$$\lambda(t) = \frac{f(t)}{R(t)} \qquad (2.8)$$

ergibt. Die Störungsrate $\lambda(t)$ gibt die Wahrscheinlichkeit je
Zeiteinheit an, daß zum Zeitpunkt t eine Störung eintritt,
wenn die erreichte Betriebsdauer $T_A = t$ ist.

Die in VDI 3423 definierten technischen und organisatorischen
Ausfallraten entsprechen nicht den oben definierten Größen,
da sie nach den grundlegenden Überlegungen der Zuverlässigkeitstheorie für den Bereich fertigungstechnischer Systeme eher
als "Verfügbarkeit" zu werten sind und sich nicht für die in
Kap. 4 erläuterten Berechnungsmethoden einsetzen lassen.

2.2.2   Instandsetzungskennwerte

Ebenso wie die Auswertung einer größeren Anzahl von Störungen
an fertigungstechnischen Systemen Ansätze zum Quantifizieren
der Zuverlässigkeit bietet, läßt sich eine statistische Auswertung von Instandsetzungen zum Erfassen der Instandsetzungseignung einer Fertigungseinrichtung ausnutzen. Unter Instandsetzung wird im folgenden das Wiederherstellen des Soll-Zustandes einer Fertigungseinrichtung gemäß DIN 31051 verstanden.

Wenn I_N die Anzahl aller innerhalb eines längeren Beobachtungszeitraumes durchgeführten Instandsetzungen und $I(t)$ die Anzahl
von Instandsetzungen mit einer Instandsetzungsdauer $T_R \leqq t$ bedeutet, ergibt sich die Instandsetzungssummenhäufigkeit $H(t)$ zu

$$H(t) = \frac{I(t)}{I_N} \, . \hspace{4cm} (2.9)$$

Dabei entspricht I_N dem Wert B_N, sofern die Langzeitbeobach-
tung unmittelbar am Ende einer Instandsetzungsdauer abgebro-

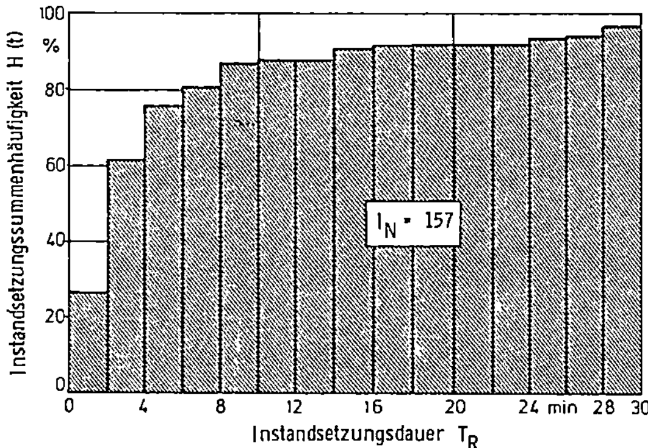

Bild 5 : Instandsetzungssummenhäufigkeit H (t) an einer Fertigungseinrichtung

chen wird. **Bild 5** zeigt als Beispiel die empirische Instandsetzungssummenhäufigkeit H (t) für elektrische Störungen an
einer hochautomatisierten Fertigungseinrichtung.
Das Komplement zu Eins der Funktion H(t) gibt die Wahrscheinlichkeit an, daß eine Instandsetzungsdauer $T_R > t$. Sie ist im
stetigen Fall eine "Instandsetzungsunwahrscheinlichkeit", die
aber für den praktischen Einsatz nicht geeignet ist, da man

im allgemeinen eher an der Beendigung als an der Fortdauer
einer Instandsetzung interessiert ist und dafür zahlenmäßige
Bewertungen sucht.

Die relative Instandsetzungshäufigkeit h(t) wird bestimmt durch

$$h(t) = \frac{I(t+\Delta t)-I(t)}{I_N \cdot \Delta(t)} \,. \tag{2.10}$$

Sie gibt den Anteil von Instandsetzungen im Verhältnis zur Anzahl aller beobachteten Instandsetzungen an, der im Zeitintervall t bis t + Δt abgeschlossen werden kann. Die Instandsetzungsquote d(t) kann durch

$$d(t) = \frac{1}{\Delta t} \cdot \frac{I(t+\Delta t)-I(t)}{I_N - I(t)} \tag{2.11}$$

quantifiziert werden und gibt die zeitintervallbezogene Zahl
von Instandsetzungen mit t $\leq$ T_R $\leq$ t + Δt an, bezogen auf die
Anzahl von Instandsetzungen, die eine Dauer T_R > t aufweisen.

Nach Durchführen des Grenzübergangs $I_N \rightarrow \infty$ und $\Delta t \rightarrow 0$
gehen die diskreten Instandsetzungskennwerte in stetige Größen
über. So wird die Instandsetzungsummenhäufigkeit H(t) zur Instandsetzungswahrscheinlichkeit M(t):

$$M(t) = P(T_R \leq t)\,. \tag{2.12}$$

Der Wert von M(t) entspricht der Wahrscheinlichkeit, daß eine
Instandsetzung bis zum Zeitpunkt t abgeschlossen werden kann.
Diese Funktion entspricht dem in der Luftfahrttechnik gebräuch-
lichen Begriff der Wartbarkeit. Dieser Begriff kann hier aber
nicht übernommen werden, weil mit Wartung nach DIN 31051 nur
Maßnahmen zum Sicherstellen des Ist-Zustandes eines Systems,
nicht aber zum Wiederherstellen des Soll-Zustandes beschrieben
werden.

Die der relativen Instandsetzungshäufigkeit h(t) entsprechende
Instandsetzungsdichte m(t) läßt sich als

$$m(t) = \frac{d\,M(t)}{dt} \tag{2.13}$$

ermitteln und entspricht der Wahrscheinlichkeit, daß eine Instandsetzung zum Zeitpunkt t abgeschlossen wird. Aus der Instandsetzungsquote d(t) wird im stetigen Fall die Instandsetzungsrate μ(t):

$$\mu(t) = \frac{m(t)}{1 - M(t)} \,. \tag{2.14}$$

Sie gibt die Wahrscheinlichkeit pro Zeiteinheit an, daß eine Instandsetzung zum Zeitpunkt t beendet wird, wenn die bisher erreichte Instandsetzungsdauer $T_R = t$ beträgt.

<u>Bild 6</u>   gibt in einer Übersicht alle diskreten und stetigen Zuverlässigkeits- und Instandsetzungskennwerte für Fertigungseinrichtungen wieder.

2.2.3   Verfügbarkeit

Der für das Produktionsergebnis entscheidende zuverlässigkeitstheoretische Begriff ist die Verfügbarkeit. Nach DIN 40042 versteht man darunter die Wahrscheinlichkeit, ein System in einem funktionsfähigen Zustand anzutreffen. Auf einen längeren Zeitraum bezogen läßt sich damit die bei fertigungstechnischen Systemen nutzbare im Vergleich zur theoretisch vorhandenen Fertigungskapazität angeben. Die durch die Betriebsdauerwahrscheinlichkeit R(t) und Instandsetzungswahrscheinlichkeit M(t) einer Fertigungseinrichtung beeinflußbare technische Verfügbarkeit V wird in Anlehnung an übliche Definitionen als

$$V = \frac{\overline{T}_A}{\overline{T}_A + \overline{T}_R} \qquad\qquad (2.15)$$

bestimmt, wobei:

$\overline{T}_A$ =   arithmetischer Mittelwert der Betriebsdauern zwischen technischen Störungen,

$\overline{T}_R$ =   arithmetischer Mittelwert der Instandsetzungsdauern bei technischen Störungen (ohne organisatorische Verzögerungen).

Der Wert $\overline{T}_A$ entspricht dabei dem im angelsächsischen Sprachraum üblichen MTBF (<u>M</u>ean <u>T</u>ime <u>B</u>etween <u>F</u>ailures), der Wert $\overline{T}_R$ dem MTTR (<u>M</u>ean <u>T</u>ime <u>T</u>o <u>R</u>epair). Diese Verfügbarkeitsdefinition ist geeignet für zwischen Hersteller und Betreiber von Fertigungseinrichtungen abzuschließende Vereinbarungen über einen Verfügbarkeitsnachweis bei Einzelmaschinen oder starr verketteten Maschinensystemen ohne Störungspuffer. Bei Ein-Produkt-Fertigungsstraßen ist aufgrund der gleichbleibenden Taktzeit ein Verfügbarkeitsnachweis auch über die erreichten Stückzahlen ge-

	DISKRETE KENNWERTE		STETIGE KENNWERTE	
ZUVERLÄSSIGKEITSKENNWERTE	B_N	Anzahl aller beobachteten Störungen		$\boxed{B_N \longrightarrow \infty \; ; \; \Delta t \longrightarrow 0}$
	$B(t)$	Anzahl von Betriebsdauern mit $T_A \leqq t$		
	$G(t) = \dfrac{B(t)}{B_N}$	Störungssummenhäufigkeit	$F(t) = P(T_A \leqq t)$	Störungswahrscheinlichkeit
	$Q(t) = \dfrac{B_N - B(t)}{B_N}$	relative Störungsfreiheit	$R(t) = 1 - F(t)$	Betriebsdauerwahrscheinlichkeit
	$g(t) = \dfrac{B(t+\Delta t) - B(t)}{B_N \cdot \Delta(t)}$	relative Störungshäufigkeit	$f(t) = \dfrac{d\ F(t)}{dt}$	Störungsdichte
	$q(t) = \dfrac{1}{\Delta t} \cdot \dfrac{B(t+\Delta t) - B(t)}{B_N - B(t)}$	Störungsquote	$\lambda(t) = \dfrac{f(t)}{R(t)}$	Störungsrate
INSTANDSETZUNGS-KENNWERTE	I_N	Anzahl aller durchgeführten Instandsetzungen		$\boxed{I_N \longrightarrow \infty \; ; \; \Delta t \longrightarrow 0}$
	$I(t)$	Anzahl von Instandsetzungen mit $T_R \leqq t$		
	$H(t) = \dfrac{I(t)}{I_N}$	Instandsetzungssummenhäufigkeit	$M(t) = P(T_R \leqq t)$	Instandsetzungswahrscheinlichkeit
	$h(t) = \dfrac{I(t+\Delta t) - I(t)}{I_N \cdot \Delta(t)}$	relative Instandsetzungshäufigkeit	$m(t) = \dfrac{d\ M(t)}{dt}$	Instandsetzungsdichte
	$d(t) = \dfrac{1}{\Delta t} \cdot \dfrac{I(t+\Delta t) - I(t)}{I_N - I(t)}$	Instandsetzungsquote	$\mu(t) = \dfrac{m(t)}{100 - M(t)}$	Instandsetzungsrate

<u>Bild 6</u> : Diskrete und stetige Zuverlässigkeits- und Instandsetzungskennwerte

fertigter Erzeugnisse durchführbar. Auf lose verkettete flexible Mehrmaschinensysteme läßt sich die genannte Definition für ein Gesamtsystem nicht direkt übertragen, da

- unterschiedliche Systemkomponenten wie Transportmittel oder Bearbeitungsstationen ungleiche Beiträge zur Produktivität des Systems leisten,
- einzelne Störungen zeitverzögert wirksam werden können,
- Störungsdauern verschiedener Systemkomponenten sich zeitlich überdecken können und
- in flexiblen Systemen beim Fertigen kleiner Serien verschiedene Stückzeiten in Abhängigkeit von der Systembelegung auftreten.

Deshalb bietet es sich an, z.B. für das Werkstücktransportsystem oder für die Bearbeitungsmaschinen getrennte Verfügbarkeitswerte zu vereinbaren. Wenn die Bearbeitungsmaschinen gleiche oder weitgehend ähnliche Eigenschaften besitzen, so läßt sich ein mittlerer Systemverfügbarkeitswert V_S für das Teilsystem zur Werkstückbearbeitung angeben:

$$V_S = \frac{1}{n} \sum_{i=1}^{n} V_i \quad . \qquad \begin{array}{l} \text{n= Anzahl von Bearbeitungs-} \\ \text{maschinen in einem System} \end{array} \qquad (2.16)$$

Sind die Eigenschaften der Bearbeitungsmaschinen sehr verschieden, so lassen sich die einzelnen Verfügbarkeitswerte über Wichtungsfaktoren bewerten. Damit wird die Verfügbarkeit eines Teilsystems Werkstückbearbeitung

$$V_S = \frac{1}{n} \sum_{i=1}^{n} w_i \cdot V_i \quad , \qquad \begin{array}{l} \text{n= Anzahl von Bearbeitungs-} \\ \text{maschinen in einem System} \end{array} \qquad (2.17)$$

wobei

$$\sum_{i=1}^{n} w_i = 1 \quad . \qquad (2.18)$$

Da jedes Fertigungssystem im allgemeinen eine zeitliche Veränderung der Verfügbarkeit nach der Produktionsaufnahme aufweist, sind bis zum Erreichen der stationären Verfügbarkeit schrittweise ansteigende Werte für den zu erreichenden Verfügbarkeitswert zeitabhängig festzulegen.

Das Komplement zu 1 der technischen Verfügbarkeit V heißt Unverfügbarkeit U

$$U = 1 - V \qquad (2.19)$$

und ergibt sich entsprechend als

$$U = \frac{\overline{T}_R}{\overline{T}_A + \overline{T}_R} \qquad (2.20)$$

Da in der Praxis noch eine Reihe zusätzlicher organisatorischer oder auch durch mangelhafte Teilequalität verursachter Störungen auftreten kann, läßt sich dieser Verfügbarkeitsbegriff vor allem zum Unterscheiden von durch Hersteller oder Betreiber einer Fertigungseinrichtung verursachten Störungen im Bedarfsfall noch weiter unterteilen.

2.2.4   Verfügbarkeitsdichte

Das Errechnen der technischen Verfügbarkeit erfordert wegen der Mittelwertbildung einen gewissen Arbeitsaufwand. In der industriellen Praxis liegen aber häufig nur Pauschalangaben über Betriebsstunden und insgesamt geleistete Instandsetzungsarbeiten vor, aber auch aus diesen Pauschalwerten läßt sich ein nützlicher Kennwert bilden. Wenn man nämlich die Summe aller störungsfreien Betriebsdauern T_A durch die Summe aller Störungsdauern T_R dividiert, so erhält man nach der Definition

$$\rho = \frac{\sum\limits_{i=1}^{n} T_{A_i}}{\sum\limits_{i=1}^{n} T_{R_i}} \qquad (2.21)$$

einen Wert ρ , der im folgenden als Verfügbarkeitsdichte bezeichnet werden soll. Dabei gibt n die Anzahl der beobachteten Störungen an, die Beobachtung wird nach Abschluß der n-ten Instandsetzung abgebrochen. Diese Kennziffer bietet in der Praxis eine gute Vergleichsmöglichkeit unterschiedlicher Fertigungseinrichtungen bzw. eine einfache Möglichkeit der Beobachtung der zeitlichen Veränderung dieses Wertes. Die Verfügbarkeitsdichte ρ ist - wie in Kap. 8 am Beispiel gezeigt wird - sowohl für pauschale Beurteilungen ganzer Fertigungsanlagen als auch für differenzierte Vergleiche einzelner Bearbeitungsstationen geeignet. Dieser Wert ist auch geeignet, Verfügbarkeitsschwachstellen aufzudecken und verfügbarkeitserhöhende Maßnahmen in eine Rangfolge einzuordnen, da mit steigender Verfügbarkeitsdichte der Verfügbarkeitszuwachs abnimmt. __Bild 7__ zeigt den Verfügbarkeitsverlauf V mit steigender Verfügbarkeitsdichte ρ .

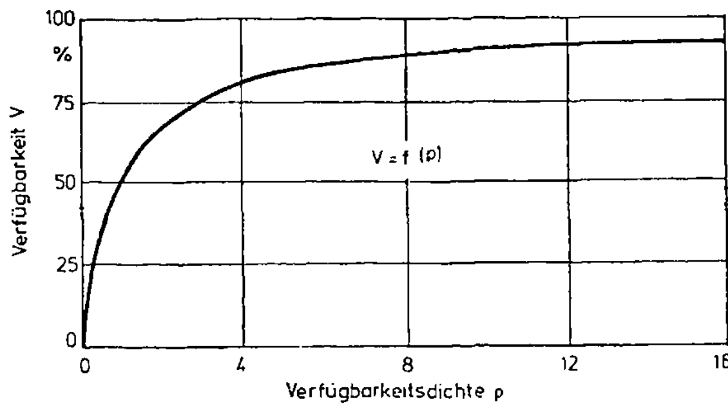

Bild 7 : Verfügbarkeit in Abhängigkeit von der Verfügbarkeitsdichte

Sobald die verfügbarkeitsmindernden Schwachstellen eines Fertigungssystems erkannt sind, gilt es, diese Schwachstellen durch
ausgewählte Maßnahmen zu beseitigen. Im folgenden Kapitel sind
zusammenfassend diejenigen Maßnahmen dargestellt, mit denen
eine Verfügbarkeitserhöhung erreichbar ist und die zu einer
Veränderung der Zuverlässigkeits- und Instandsetzungskennwerte
führen können.

3   Maßnahmen zur Verfügbarkeitserhöhung von
     Fertigungssystemen

3.1   Maßnahmen zum Verringern der Störungsrate

Die Zuverlässigkeit von Bauelementen kann erhöht werden durch:

- Einsatz hochbelastbarer Werkstoffe,
- Verringern der Größe und Anzahl bauteilinterner Span-
  nungszustände durch die Gestaltung des Bauteils und
- Vermindern der Bauteilbelastung durch konstruktive Änderung
  im Umgebungsbereich.

Eine Baugruppe, also ein Funktionsverband einzelner Bauelemente, kann ebenfalls durch die oben genannten Maßnahmen in ihrer
Zuverlässigkeit verbessert werden. Darüber hinaus zählen dazu
auch Maßnahmen wie verbesserte Schmierung und Justiermöglich-
keiten. Wenn es sich um Zukauf-Baugruppen handelt, kann eine
Baugruppe einer anderen Güte-, Schutz- oder Leistungsklasse
oder auch eines anderen Herstellers eingesetzt werden.

Geplante   Instandhaltung gehört ebenfalls zu den zuverlässigkeitserhöhenden Maßnahmen. Durch regelmäßig ausgeführte War-
tungsarbeiten wie Schmieröl wechseln, Filter austauschen oder
Schmutzschichten entfernen, durch Inspizieren störungsträchti-
ger Bauteile und Baugruppen in festzulegenden Intervallen und
gegebenenfalls auch Bauteilwechsel kann die Zahl technischer
Störungen während geplanter Betriebsdauern verringert werden.
Da ein Teil der technischen Störungen an Fertigungseinrichtungen erfahrungsgemäß durch Bedienungsfehler verursacht wird, gehört die Schulung des Bedienungspersonals auch zu den zuverlässigkeitserhöhenden Maßnahmen.

Die Zuverlässigkeit von Fertigungssystemen kann weiterhin durch
Strukturänderungen im System, d.h. durch Verdoppelung (Redundanz) von Bauelementen, -gruppen oder Teilsytemen erreicht werden, da beim Auftreten einer technischen Störung die Funktion
der gestörten Einheit von einer Ersatzeinheit übernommen wird
und sich dadurch die Störung im Fertigungsergebnis nicht nieder-
schlägt. Entsprechend der Darstellung in Bild 8 kann man zwi-

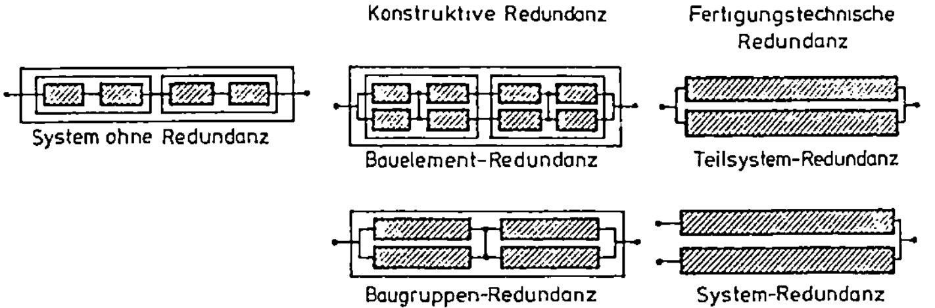

Bild 8 : Redundanz in fertigungstechnischen Systemen

schen konstruktiver und fertigungstechnischer Redundanz unterscheiden. Konstruktive Redundanz ist im Maschinenbau und
in der Fertigungstechnik im allgemeinen unüblich, sofern es
sich nicht um sicherheitstechnische Einrichtungen handelt. Fertigungstechnische Redundanz dagegen wird besonders bei neuartigen kapitalintensiven Fertigungseinrichtungen eingesetzt. Eine
Form von nicht-funktionsbeteiligter (kalter) fertigungstechnischer Redundanz in einem Fertigungssystem ist z.B. der Einsatz von programmierbaren Handhabungsgeräten als eintauschbare
Reserveeinheiten in einer Schweißstraße für Pkw-Seitenteile
(siehe /3.1/). Der ständig funktionsbeteiligte Einsatz von neun
baugleichen Bearbeitungszentren in einem flexiblen Fertigungssystem für gehäuseförmige Werkstücke (siehe /3.2/) stellt einen
Fall der "heißen" fertigungstechnischen Redundanz dar. Der Einsatz
fertigungstechnischer Redundanz ist bei störungsempfindlichen
Fertigungsprozessen für ein zeit- und mengengerechtes Erfüllen
des Fertigungsplanes notwendig, er vermindert aber den Nutzungsgrad eines Systems und die Rentabilität des eingesetzten Kapi-
tals im Vergleich zu nicht-redundanten Fertigungssystemen.

3.2   Maßnahmen zum Erhöhen der Instandsetzungsrate

3.2.1   Störungserkennung

Eine Störung an einer Fertigungseinrichtung ist ohne Zeitverzögerung selbstmeldend, wenn der Überwacher ein Symptom und seine Ursache ohne Hilfsmittel oder analytischen Aufwand erfassen
kann z.B. als lautes Laufgeräusch in einem Lager. Dagegen ist eine
Störung mit Zeitverzögerung selbstmeldend, wenn ein Symptom
und seine Ursache erst nach Verstreichen eines Zeitraumes deutlich werden z.B. beim Erkennen nicht-verbundener Schweiß-

punkte am Ende einer Schweißstraße. Nicht-selbstmeldende Störungen sind demgegenüber diejenigen, die kein erkennbares oder technisch nutzbares Symptom verursachen bzw. deren Symptom nicht ohne zusätzlichen Aufwand und Hilfsmittel zu erkennen sind. Das dazu notwendige Rückverfolgen eines Symptoms auf mögliche Fehlerursachen heißt Diagnose.

Dieses Rückverfolgen von Symptomen auf ihre Ursachen hin wird umso schwieriger,

- je komplizierter die Systeme werden,
- je weniger mechanische Bauteile eingesetzt werden,
- je unzugänglicher der Fehlerentstehungsort ist und
- je vieldeutiger die auftretenden Symptome werden.

Alle diese Merkmale treffen auf hochautomatisierte, mit zahlreichen elektronischen Baugruppen versehene Fertigungssysteme zu, so daß gerade bei diesen Systemen der Zeitanteil für Fehlerdiagnose eine erhebliche Verfügbarkeitsreserve freigeben kann. Bild 9 zeigt als Beispiel die sich in der Praxis ein-

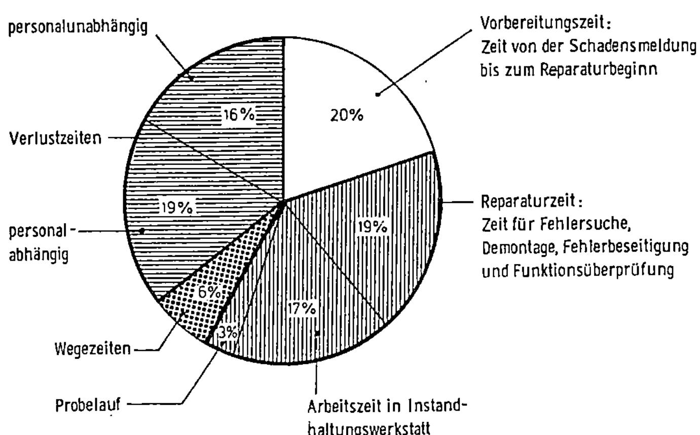

Bild 9 : Zeitstruktur für Instandsetzungen an NC-Werkzeugmaschinen /3.3/

stellende Zeitverteilung für Instandsetzungen an numerischen Steuerungen von Werkzeugmaschinen. Obwohl durch elektronische Steuerungen weniger Stillstände verursacht werden als durch elektromechanische, wurde bei den in Kap. 5.2.2 erläuterten Untersuchungen eine große Zahl von Problemen bei der Fehlerursache angegeben wegen schlechter Erkennbarkeit von Bauteilausfällen, ungenügender Kenntnisse und Fähigkeiten des

Personals, ungenügender Service-Informationen und gelegentlicher Schwierigkeiten sogar des Herstellers bei der Fehlersuche und -beseitigung. Die Zeitdauern zur Suche der Störungsursache können demnach vor allem durch

- Einsatz technischer Hilfsmittel zur Fehlersuche und
- Verbessern der Qualifikation des Instandhaltungs- und Bedienungspersonals

gezielt verkürzt werden. Obwohl von einigen Steuerungs- und Maschinenherstellern schon komfortable Diagnosehilfsmittel angeboten werden, sind in diesem Bereich noch erhebliche Entwicklungen notwendig, um die Benutzerfreundlichkeit von komplexen Fertigungseinrichtungen auch unter dem Gesichtspunkt der Instandhaltung zu verbessern.

3.2.2 Störungsbeseitigung

Für eine schnelle Störungsbeseitigung müssen Werkzeuge, Ersatzteile, Serviceanleitungen und qualifiziertes Personal ohne logistische Wartezeiten bereitgestellt werden können. Dazu ist eine gute Aufbau- und Ablauforganisation erforderlich. Die dadurch erreichbaren Zeitvorteile sind insbesondere dann gut zu nutzen, wenn die defekte Baugruppe gegen eine intakte ausgetauscht werden kann und die eigentliche Instandsetzung ohne Zeitdruck in einer Werkstatt durchgeführt wird.

Die Zeitdauer für Instandsetzungsarbeiten kann auch durch die konstruktive Auslegung von Fertigungseinrichtungen beeinflußt werden. Insbesondere wird die Frage der Zugänglichkeit von auszutauschenden Bauteilen und -gruppen häufig stiefmütterlich behandelt, besonders aber dann, wenn es sich um Sondermaschinen handelt. Es ist also darauf hinzuarbeiten, daß die Instandsetzungskennwerte von Fertigungseinrichtungen auch durch Berücksichtigen der Zugänglichkeit von Bauelementen und -gruppen schon während der Konstruktionsphase günstig beeinflußt werden.

3.3 Begrenzen der Störungsauswirkung

Bauelemente und -gruppen in technischen Systemen können vor den Schadenswirkungen benachbarter Bauelemente durch Schutzvorrichtungen bewahrt werden. Im mechanischen Bereich gehören dazu Schutzeinrichtungen wie Rutschkupplungen und Dämpfungselemente, im elektrischen und elektronischen Bereich Elemente wie Überstrom- oder Unterspannungsauslöser oder Opto-Koppler. Solche Schutzvorrichtungen können auch ein selbsttätiges Stillsetzen des Fertigungsprozesses auslösen.

Abschaltvorrichtungen werden in automatisierte Fertigungseinrichtungen eingebaut, um den vorschriftsmäßigen Ablauf des Fertigungsprozesses und das Einhalten der Fertigungstoleranzen sicherzustellen und ggf. die Anlage stillzusetzen. Damit sollen

- ein Beschädigen oder Zerstören der Fertigungseinrichtung,
- das Fertigen von nicht nachbearbeitbaren Ausschußteilen und
- ein Leerlauf der Anlage

vermieden werden. Dafür müssen die anlagenspezifischen Störungsursachen und ihre Symptome analysiert werden. Die wichtigsten Symptome müssen über geeignete Sensoren frühzeitig erfaßt werden. Ein Abschalten wird dann durch unzulässige Abweichung beim Soll-Ist-Vergleich der Sensorsignale oder durch das Ansprechen von Überlastschutzeinrichtungen ausgelöst. Solche automatischen Überwachungs- und Abschaltvorrichtungen werden insbesondere bei der zukünftig zu erwartenden stärkeren Automatisierung von störungsempfindlichen Montagevorgängen mit hoher Ereignisdichte vermehrte Bedeutung erlangen. So wird z.B. in /3.4/ ein optisches Überwachungssystem für den Einsatz in einem automatisierten Montagesystem beschrieben. Angesichts des steigenden Investitionskostenbedarfes für automatische Fertigungseinrichtungen und der dadurch bedingten Notwendigkeit einer möglichst hohen Nutzung einerseits und der Diskussion um eine weitere Verkürzung der Arbeitszeit andererseits muß mit verstärkten Bemühungen um das Erreichen eines unbeaufsichtigten Automatikbetriebes von Fertigungseinrichtungen gerechnet werden.

Durch das Auftreten von Störungen an Fertigungseinrichtungen können die Werkstücke im allgemeinen nicht mehr fertig bearbeitet werden, so daß den nachgeschalteten Bearbeitungseinheiten keine Werkstücke zugeführt werden. Der Einsatz von Störungspuffern in verketteten Fertigungslinien wird zum Erzeugen einer

Totzeit der Störungsauswirkung auf andere Bearbeitungsstationen
eingesetzt, nicht aber zum Erhöhen der technischen Verfügbarkeit der einzelnen Stationen.

Eine Beeinflussung der technischen Verfügbarkeit einzelner Fertigungseinrichtungen und Bearbeitungsstationen erfolgt deshalb
über die in Kap. 3.1 und 3.2 genannten Maßnahmen. Um die zu erwartenden Auswirkungen dieser Maßnahmen als Eingangsdaten für
eine Planung von Investitionsmitteln nutzbar zu machen, müssen
Möglichkeiten vorliegen, die Verfügbarkeit und ihre Beeinflus-
sungsmöglichkeiten über mathematische Modellansätze zu quantifizieren.

4.1   Boolesches Modell

Gemäß der binären Logik kann man den Zustand einer Betrachtungseinheit, z.B. einer Bearbeitungsstation in einer Fertigungslinie, mit einer booleschen Zustandsvariablen X beschreiben, die die Werte

$$X(t) = \begin{cases} 0, & \text{wenn die Einheit zum Zeitpunkt t gestört ist} \\ 1, & \text{wenn die Einheit zum Zeitpunkt t intakt ist} \end{cases} \qquad (4.1)$$

annehmen kann. Zum Verringern des Schreibaufwandes wird im folgenden $X = X(t)$ gesetzt.

Wenn ein System aus n Elementen besteht, dann kann der Zustand des Systems mit einer Booleschen Funktion S(t) beschrieben werden. Es gilt

$$S(X_1, X_2 \ldots X_n) = \begin{cases} 0, & \text{wenn das System zum Zeitpunkt t} \\ & \text{gestört ist,} \\ 1, & \text{wenn das System zum Zeitpunkt t} \\ & \text{intakt ist} \end{cases} \qquad (4.2)$$

Wenn für die Systemfunktion gilt (siehe Anhang, Kap. 10.2):

$$P(S_S = 1) = R_S = R_1 \cdot R_2 \cdots R_n \, , \qquad (4.3)$$

so besitzt das System eine Serienstruktur; wenn hingegen gilt:

$$P(S_P = 1) = R_P = 1 - (1 - R_1)(1 - R_2) \ldots (1 - R_n) \, , \qquad (4.4)$$

so besitzt das betrachtete System eine Parallelstruktur. Die verschiedenen Systemstrukturen können durch Blockschaubilder graphisch veranschaulicht werden (Anhang 10.2).
Durch die mögliche Assoziation von Bearbeitungsstationen und Materialflußströmen sind diese Blockschaltbilder auf Zuverlässigkeitsuntersuchungen von mehrstufigen Fertigungsabläufen sehr gut übertragbar. Bild 10 zeigt z.B. das Block-Schaubild

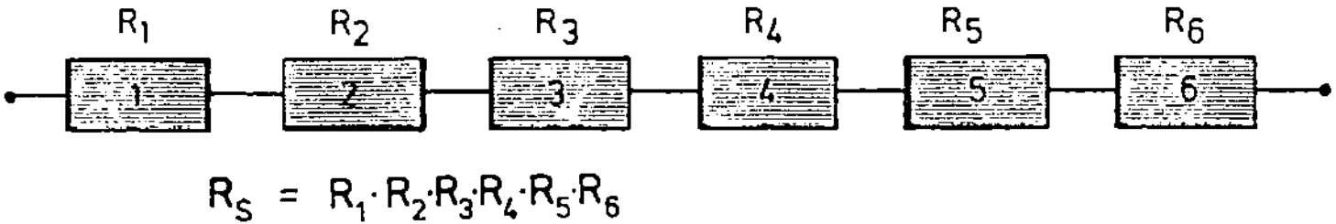

Bild 10 : Block-Schaubild einer Transferstraße

einer starr verketteten Sechs-Stationen-Transferstraße, die je
Station mit einem programmierbaren Handhabungsgerät zum elektrischen Punktschweißen ausgerüstet ist. Wenn man dabei annimmt, daß die Zuverlässigkeit R_i der einzelnen Bearbeitungsstationen bis zu einem Zeitpunkt t

$$R_1 = 91\%; \quad R_2 = 95\%; \quad R_3 = 83\%$$
$$R_4 = 87\%; \quad R_5 = 94\%; \quad R_6 = 89\%$$

betragen, so ergibt sich nach Gl.4.3 die Systemzuverlässigkeit
zu R_S = 52,22 %. Dieser Wert kann am wirkungsvollsten über Verbesserung des niedrigsten Zuverlässigkeitswertes R_3 verbessert
werden. Wenn sich also R_3 um 17 % auf 97 % erhöht, verbessert
sich die Gesamtzuverlässigkeit nach Gl.4.3 auf R_S = 61 %. Andererseits läßt sich die Systemzuverlässigkeit durch Verdoppelung unzuverlässiger Stationen verbessern, indem z.B. an Station 3 ein zusätzliches programmierbares Handhabungsgerät in
Bereitschaft gehalten wird. Demzufolge sieht das Block-Schaubild aus wie in Bild 11 dargestellt. Dieses Fertigungssystem

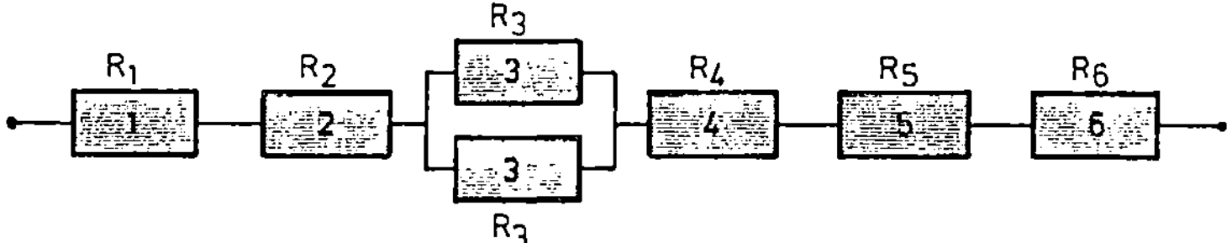

$$R_S' = R_1 \cdot R_2 [1-(1-R_3)(1-R_3)] R_4 \cdot R_5 \cdot R_6$$

Bild 11 : Block-Schaubild einer Transferstraße mit fertigungstechnischer Redundanz

produziert, wenn mindestens ein Pfad (Operations- oder Funk-
tionspfad) durchgängig ist. Durch Anwenden von Gl.4.3 und
Gl.4.4 erhält man R_S = 61,09 %. Infolge dieser Verdoppelung
wird dieselbe Zuverlässigkeitsverbesserung für das Gesamtsystem
erreicht wie durch eine Verbesserung der Station 3 um 17 % auf
R_3 = 97 %. Die Bewertung der zu treffenden Maßnahmen muß dann
nach technisch-wirtschaftlichen Kriterien erfolgen.

Eine andere auf Störungsereignisse orientierte Boolesche Dar-
stellungsform von systeminternen Abhängigkeiten ist der sich
an die Symbole der Schaltalgebra (DIN 66000) anlehnende Fehlerbaum (DIN 25 424). Die darauf aufbauende Analysemethode hat
zum Ziel, die zu einer Systemstörung oder einem Systemausfall
führenden Elementarereignisse, Ereignisse und ihre Kombinatio-

nen und die Wahrscheinlichkeit ihres Eintritts zu ermitteln. Dazu wird zunächst das unerwünschte Ereignis, z.B. technische Störung einer Fertigungseinrichtung, definiert und dann auf die möglichen Ursachen hin untersucht (Bild 12). Ein Fehler-

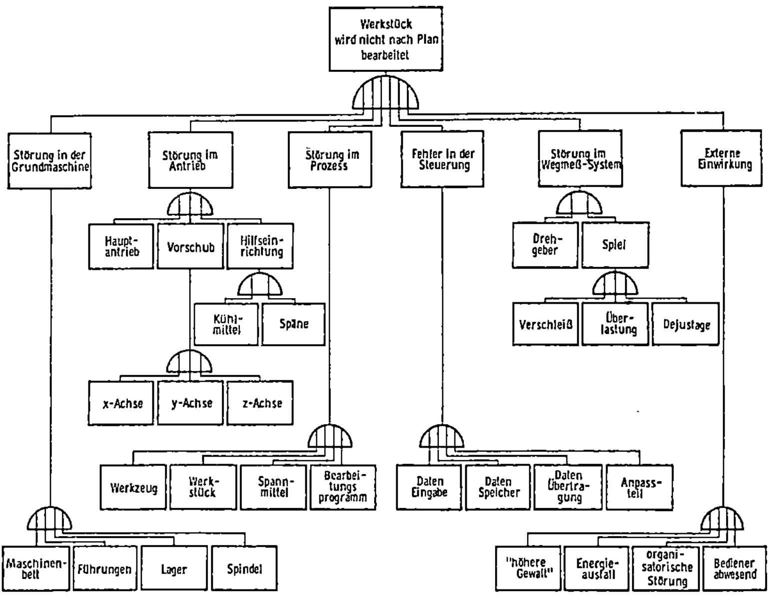

Bild 12 : Fehlerbaum für einen Teilbereich einer Werkzeugmaschine

baum ist dabei nicht nur eine graphische Darstellung von zuverlässigkeitsrelevanten Ereignisfolgen, sondern auch eine Vorschrift für die rechnerische Ermittlung der Eintrittswahrscheinlichkeit des unerwünschten Ereignisses.

4.1.1   Berechnungsmethoden

Grundsätzlich läßt sich jede Systemfunktion bei unabhängigen Komponenten durch sequentielle Anwendung von Gl.4.3 und 4.4 algebraisch darstellen, indem bestimmte Teilmengen von Systemkomponenten zunächst als Komponenten aufgefaßt werden, die dann im nachfolgenden Schritt weiter aufgelöst werden. Es existieren Reduktionsmöglichkeiten, die Form und Kompliziertheit von Systemfunktionen zu beeinflussen / 4.1 /.

Beim Rechnen mit Parallel-Serien-Strukturen ist möglichst, die
kurze Formel (10.9) zu verwenden, so daß entweder die Betriebsdauerwahrscheinlichkeit R oder die Störungswahrscheinlichkeit
F einzusetzen sind. In vielen Fällen ist die Störungswahrscheinlichkeit $F \ll 100$ %, so daß Potenzen dieser Werte ver-
nachlässigt werden können. Bei Serienstrukturen wie z.B. Transferstraßen ergibt sich demnach die Störungswahrscheinlichkeit
der gesamten Fertigungsanlage aus der Summe der Störungswahrscheinlichkeiten der einzelnen Bearbeitungsstationen.

Wenn bei einer Fehlerbaumanalyse die Auflösung in Elementarereignisse e_i hinreichend detailliert ausgeführt ist, kann ein
Fehlerbaum von unten nach oben entsprechend Gl.10.9 und 10.12 ab-
gearbeitet werden. Die rechnerische Auswertung von komplexen
Fehlerbäumen ist nur mit Hilfe elektronischer Datenverarbeitungsanlagen möglich. Für vermaschte Anordnungen von Fehlerbäumen müssen erweiterte Berechnungsverfahren herangezogen
werden /4.2/.

Häufig wird statt eines störungsorientierten Fehlerbaums ein
erfolgsorientierter Ereignisbaum erstellt. So wird die Berechnung des in Bild 12 dargestellten Fehlerbaumes wesentlich
vereinfacht, wenn man die jeweils komplementären Elementarereignisse betrachtet und ihre Eintrittswahrscheinlichkeit aufgrund der im konstruktiven Maschinenbau häufigen Serienstruktur über logische Und-Symbole darstellen und mit der Produkt-
regel Gl.10.9 errechnen kann.

4.1.2 Bewertung des Booleschen Modells

Aufgrund des binären Charakters der Zustandsvariablen kann jede Komponente eines Systems oder das Gesamtsystem mit den Zuständen "intakt" oder "gestört" beschrieben werden. Da in diesem Zusammenhang das Produktionsergebnis nach Menge und Qualität interessiert, ist unter dem Zustand "System intakt" zu
verstehen: Das Fertigungssystem produziert innerhalb eines definierten Zeitraumes sowohl in vorgeschriebener Menge als auch
Qualität; der Zustand "System gestört" bedeutet dann: Das Fer-

tigungssystem produziert infolge technischer Störungen weniger
als die vorgeschriebene Menge und/oder in unzureichender Qualität. Dabei wird in Kauf genommen, daß bei geringeren Ferti-
gungsstückzahlen das System als gestört betrachtet wird, obwohl
es noch produziert. Die Abgrenzung dieser Definition ist in
Bild 13 veranschaulicht. Eine binäre Zustandsbeschreibung

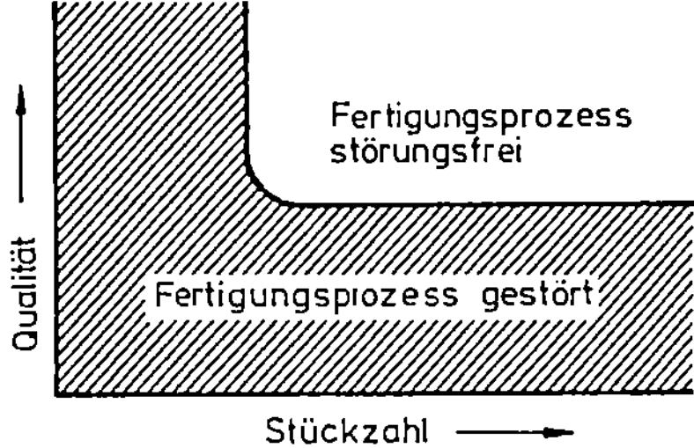

Bild 13 : Binäre Abgrenzung der Zustände eines fertigungstechnischen Systems

trifft bei Fertigungssystemen strenggenommen nur auf sich-er-
gänzende Mehrmaschinensysteme in Serienschaltung ohne Zeitverzögerung von Störungsauswirkung zu wie z.B. bei Transferstras-
sen ohne Zwischenpuffer. Bei sich-ersetzenden Mehrmaschinen-
systemen mit zeitlich verschobener Störungsauswirkung ist eine
binäre Zuverlässigkeitsbeschreibung des Gesamtsystems wegen der
zahlreichen Zwischenzustände und Ausweichmöglichkeiten nicht
mehr sinnvoll, da bei Störungen einzelner Bearbeitungsstationen die Mengenleistung des Systems stufenweise verringert wird.
Für solche Systeme kann deshalb diese Zustandsbeschreibung nur
auf der Ebene von Teilsystemen wie einzelner Bearbeitungsstationen oder Transportmittel angewendet werden. Die genannten
Rechenregeln der Booleschen Algebra sind aber auch auf sich-
ersetzende Mehrmaschinensysteme anzuwenden, wenn man z.B. die
Wahrscheinlichkeit dafür ermitteln will, daß ein Werkstück innerhalb eines Fertigungssystems störungsfrei vollständig bearbeitet werden kann. So kann man z.B. ermitteln, wie sich
dieser in Anlehnung an / 4.3 / Missionswahrscheinlichkeit genannte Wert verändert durch Veränderung der Anzahl sich-er-
setzender Bearbeitungsstationen im System.

Zusammenfassend ist zu erkennen, daß Boolesche Zustandsmodelle
sich gut für Systeme und Komponenten mit eindeutigen Zuständen

wie z.B. Elektronik-Systeme eignen. Sie sind nur eingeschränkt
anwendbar auf Systeme mit variabler Leistungsfähigkeit oder
für Fertigungssysteme mit Zeitverzögerung der Störungsauswirkung und sich ersetzenden Bearbeitungsstationen. Das bedeutet,
daß bei dieser Art von mathematischer Modellbildung eine starke Vereinfachung der abzubildenden Wirklichkeit in Kauf genommen werden muß. So bleibt z.B. die Reihenfolge auftretender
Störungen ohne Beachtung. Weiterhin ist die statistische Unabhängigkeit von Störungsereignissen als eine der wesentlichen
Voraussetzungen für das Anwenden der genannten Rechenregeln
keineswegs immer gegeben, z.B. dann nicht, wenn durch Ausfall einer Komponente an anderer Stelle im System eine Über-
lastung und Störung auftritt. Andererseits stützen sich die
notwendigen Rechenverfahren auf die Grundformeln der elementaren Wahrscheinlichkeitstheorie, die notwendigen mathematischen Hilfsmittel gehen nicht wesentlich über die Grundrechen-
arten hinaus. Bei systematischem Vorgehen lassen sich auch
kompliziertere Systeme mit dem Taschenrechner durchrechnen,
sofern dessen Genauigkeit ausreichend ist.
Ein entscheidender Vorteil der Booleschen Modelle liegt in der
Unabhängigkeit der Wahrscheinlichkeitswerte von Verteilungsfunktionen, d.h. in der Praxis wird man die Störungswahrscheinlichkeit einfach über das Ermitteln relativer Häufigkeiten bilden.

4.2   Markov- Modell

Wenn der Zustand eines Fertigungssystems nach Kap. 2.1.2 als
Kombination von binären Elementarzuständen der Systemkomponenten wie Bearbeitungsstationen, Steuerung, Transportmittel oder
Energieversorgung angesehen wird, so erfolgen die Zustandswechsel (Ereignisse) des Fertigungssystems innerhalb eines diskreten endlichen Zustandsraumes in Abhängigkeit von einem diskret
fortschreitenden Parameter wie Betriebszeit oder Stückzahl. Der
Aufenthalt eines Fertigungssystems in einem definierten Zustand
wie z.B. "zwei von sechs Arbeitsstationen sind gestört" tritt
mit einer bestimmten Wahrscheinlichkeit, der Zustandswahrscheinlichkeit, auf. Mit einer Übergangswahrscheinlichkeit geht das
System von einem gegenwärtigen in einen nachfolgenden Zustand
über. Das System bewegt sich also in einem ständigen "Wahr-

scheinlichkeitsstrom" zwischen den Zuständen. So können z.B.
für die in <u>Bild 14</u> dargestellte Fertigungszelle vier Zustände

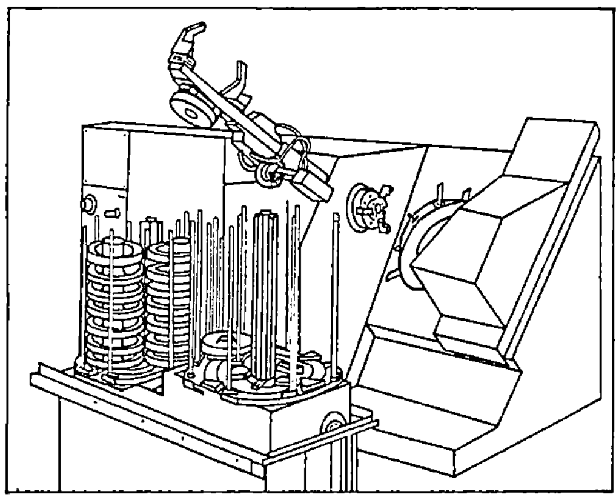

<u>Bild 14</u> : Fertigungszelle mit Drehmaschine und Handhabungs-
            gerät

Zustands-Nummern	Elementarzustände		Systemzustand
	Drehmaschine	Handhabungs-gerät	Fertigungszelle
①	L	L	L
②	L	0	0
③	0	L	0
④	0	0	0

$L \triangleq$ intakt
$0 \triangleq$ gestört

<u>Bild 15</u> : Kombination von Elementarzuständen in einer Fer-
            tigungszelle

definiert werden, die über die in <u>Bild 15</u> aufgezeigte Kombination von Elementarzuständen bestimmt wird. Die zwischen den
Zuständen auftretenden Wahrscheinlichkeitsströme können nach
den Konventionen der Graphen-Theorie / 4.4 / anschaulich in ge-
richtete Zustands-Übergangs-Graphen dargestellt werden. Die
Zustände des Prozesses werden durch mit identifizierenden Zähl-
nummern versehenen Knoten (Kreise), die Übergangswahrscheinlichkeiten werden durch benannte Kanten (Pfeile) dargestellt.
So sind   in <u>Bild 16</u> die vier in Bild 15 hergeleiteten
Zustände einschließlich der Übergangswahrscheinlichkeiten λ_{ij}
eingetragen. Diese Übergangswahrscheinlichkeiten bedeuten im
einzelnen:

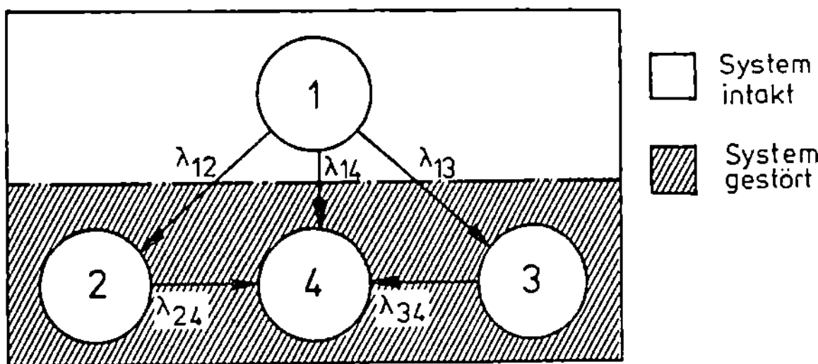

<u>Bild 16</u> : Zustands-Übergangs-Graph mit Störungsraten

λ_{12} = Störungsrate des Handhabungsgerätes

λ_{13} = Störungsrate der Drehmaschine

λ_{14} = Störungsrate für gleichzeitige Störungen an Drehmaschine und Handhabungsgerät

λ_{24} = Störungsrate für Drehmaschine bei gestörtem Handhabungsgerät

λ_{34} = Störungsrate für Handhabungsgerät bei gestörter Drehmaschine

Wenn man Instandsetzungsvorgänge mitberücksichtigt, so muß der Zustands-Übergangs-Graph gemäß <u>Bild 17</u> vervollständigt

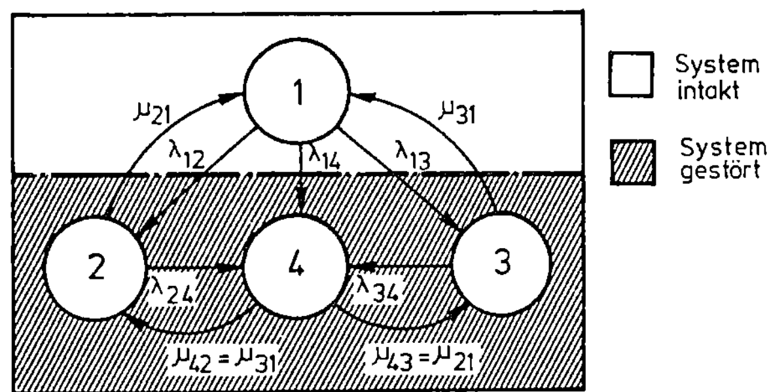

<u>Bild 17</u> : Zustands-Übergangs-Graph mit Störungs- und Instandsetzungsraten

werden. Dabei bedeuten

$\mu_{21} = \mu_{43}$ = Instandsetzungsrate für Handhabungsgerät und

$\mu_{31} = \mu_{42}$ = Instandsetzungsrate für Drehmaschine.

Bei dieser Definition wurde vorausgesetzt, daß die Instandsetzungsraten von Drehmaschine und Handhabungsgerät jeweils voneinander unabhängig sind.

Aussagen über die zeitabhängigen Zustandswahrscheinlichkeiten einzelner Zustände im oben erwähnten stochastischen Prozeß lassen sich gewinnen, wenn

- die Anfangsverteilung der zufälligen Zustandsgröße X(t) zum Zeitpunkt t_o (z.B. alle Maschinen sind bei Produktionsbeginnn intakt) und
- die Übergangsraten λ und μ der System-Zustandswechsel, d.h. die Störungsraten und Instandsetzungsraten der Komponenten

im Fertigungssystem vorliegen. Die zusätzlichen mathematischen Randbedingungen und Berechnungsmöglichkeiten sind im Anhang (Kap. 10.3) dargelegt.

4.2.1   Grenzverteilung

Bei Investitionsentscheidungen über hochautomatisierte kostenintensive Fertigungssysteme ist nicht nur das Systemverhalten bis zu einem Zeitpunkt t wichtig, sondern auch das Systemverhalten im Dauerbetrieb, da es einen Hinweis über die langfristig erreichbare Produktionsleistung und die für Verfügbarkeitssicherung aufzuwendenden Kosten gibt. Die Theorie der Markov- Prozesse bietet vereinfachte Möglichkeiten, Aussagen über das Langzeitverhalten von Fertigungssystemen zu quantifizieren. Geht nämlich die Anzahl der Zustandswechsel eines stochastischen Prozesses gegen ∞ , so strebt der Prozeß unabhängig von der Anfangsverteilung gegen eine stationäre Grenzverteilung; der Prozeß wird sich nach einer Einschwingphase mit der nach sehr vielen Zustandswechseln erreichten Grenzwahrscheinlichkeit π_i im Zustand "i" befinden. In der Anwendung greift man sehr häufig auf die Grenzverteilung zurück, da man Fertigungssysteme meist als solche ansehen kann, bei denen diese Grenzverteilung praktisch erreicht ist. <u>Bild 18</u>

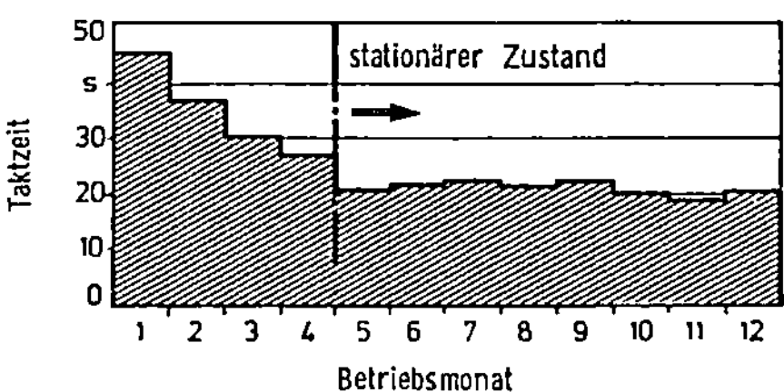

<u>Bild 18</u> : Taktzeitänderung einer Schweißstraße nach Inbetriebnahme

zeigt beispielsweise die Änderung der Taktzeit einer Schweißstraße nach Inbetriebnahme. Die für das Errechnen der Grenz-
wahrscheinlichkeiten π benötigten Vorschriften sind neben
der dafür erforderlichen "Ergodizität" des betrachteten Prozesses im Anhang (Kap. 10.4) erläutert.

Im folgenden Beispiel wird gezeigt, wie die stationäre Grenz-
verfügbarkeit eines Fertigungssystems mit sechs Arbeitsstationen ermittelt werden kann.

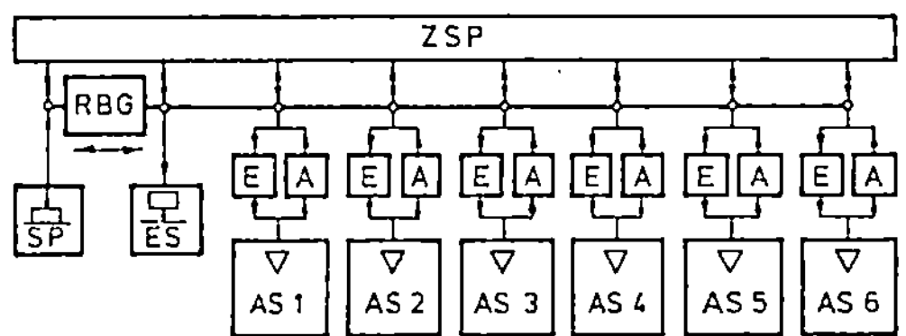

Bild 19 : Schematischer Grundriß eines Fertigungssystems

Bild 19 zeigt den Grundriß eines lose verketteten Fertigungssystems mit sechs Arbeitsstationen, bei dem die technische Verfügbarkeit V der Arbeitsstationen ermittelt werden soll.

Bei der Darstellung im Zustands-Übergangs-Graph und der
darauf aufbauenden Berechnung wurden folgende vereinfachende
Annahmen getroffen:
- Die Betriebs- und Instandsetzungsdauern folgen einer Exponentialverteilung (siehe auch Kap. 5.1.1),
- Die Maschinen sind voneinander unabhängig, d.h. die in-
  takten Maschinen arbeiten weiter, wenn andere Maschinen
  instandgesetzt werden (keine starre Verkettung),
- Es entstehen keine Wartezeiten für den Beginn einer Instandsetzung, d.h. es entstehen keine statistischen Abhängigkeiten der Zustandswechsel durch die Instandsetzungs-
  strategie,
- Die Maschinen sind nach einer Instandsetzung im Neu-Zustand, d.h. es wird nicht unter Zeitdruck gearbeitet bzw.
  die Zuverlässigkeit der Maschinen wird durch konstruktive
  Maßnahmen nicht nachträglich verändert,
- Alle Maschinen können mit derselben Wahrscheinlichkeit p
  innerhalb des Bezugszeitraumes Δ t (Schichtdauer 8 Stun-

den) gestört werden,

- Genau eine Maschine kann mit der Wahrscheinlichkeit q_1 innerhalb von Δt instandgesetzt werden,

- Genau zwei Maschinen können mit der Wahrscheinlichkeit q_2 innerhalb von Δt instandgesetzt werden,

- Mehr als zwei Maschinen können innerhalb von Δt nicht instandgesetzt werden,

- Störungen können gleichzeitig an mehreren Maschinen auftreten und

- Ist an einer Maschine eine Störung innerhalb von Δt eingetreten und wieder beseitigt, so kann an dieser Maschine innerhalb von Δt keine zweite Störung auftreten.

Da π_i die Wahrscheinlichkeit angibt, mit der i der Maschinen intakt sind, kann man bei diesem Beispiel in Anlehnung an die Definition des Erwartungswertes für die Verfügbarkeit V festlegen:

$$V = \frac{1}{k} \sum_{i=1}^{z-1} \pi_i \cdot i \qquad\qquad (4.5)$$

wobei k die Anzahl der Arbeitsstationen im System und z die Anzahl von Zuständen im Zustandsraum Z angeben. Wenn man diesen Verfügbarkeitswert in Abhängigkeit von einer wachsenden Störungswahrscheinlichkeit p der Arbeitsstationen nach den im Anhang (Kap. 10.4) beschriebenen Vorschriften errechnet, so ergibt sich mit den Randbedingungen q_1 = 18 % und q_2 = 64 % der in Bild 20 dargestellte Verlauf der Systemverfügbarkeit V_S.

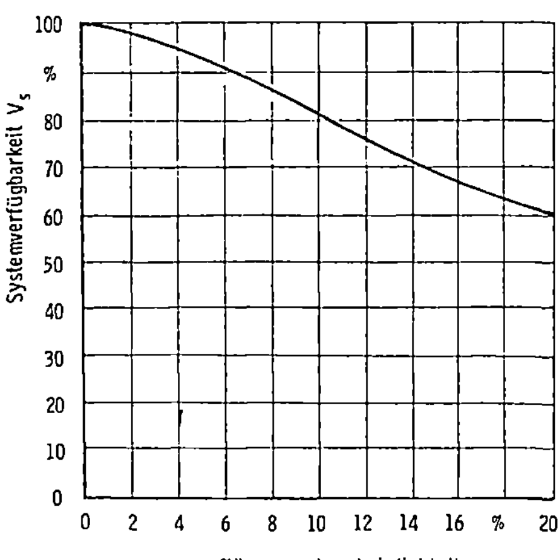

Bild 20 : Systemverfügbarkeit in Abhängigkeit von der Störungswahrscheinlichkeit der Bearbeitungsstationen

Wenn nun bei einer angenommenen Störungswahrscheinlichkeit der Arbeitsstationen von $p = 8$ % die Instandsetzungswahrscheinlichkeit $q = q_1 + q_2 = 82$ % auf $q_1 = 6$ % und $q_2 = 88$ % erhöht werden, so läßt sich die Systemverfügbarkeit von 85 % auf 88 % verbessern. Wenn bei voller Nutzungsmöglichkeit der Einzelmaschinen ein Maschinenstundensatz von 60.- DM angenommen wird, ergibt sich bei sechs Maschinen und einem Nutzungsgrad von 85 % ein Systemstundensatz von 423,53 DM. Bei Verbesserung der Dauerverfügbarkeit um 3 % sinkt dieser Satz auf 409,09 DM. Bei Zwei-Schicht-Betrieb kann man also für das Erhöhen der Instandsetzungswahrscheinlichkeit rund 4600.- DM monatlich aufwenden, sofern die Instandsetzungswahrscheinlichkeit q insgesamt um 12 % erhöht werden kann. Bei gleichen Herstellkosten pro Stück erhält man dabei eine um 3 % höhere Ausbringung.

4.2.2 Bewertung des Markov-Modells

Die Methode der Markov-Ketten erlaubt die fallweise sinnfällig zu treffende Definition von theoretisch beliebig vielen Zuständen von Komponenten und Systemen. Die Zustandswechsel und ihre Wahrscheinlichkeit werden durch konstante Pauschalwerte angegeben; die Zustandswechsel können dabei bidirektional erfolgen, so daß bei Fertigungssystemen nicht nur das Störverhalten,sondern auch das Regenerationsverhalten über der Zeit quantifiziert beschrieben werden kann. Damit ist also nicht nur die Zuverlässigkeit, sondern auch die Verfügbarkeit von Fertigungssystemen greifbar.

Die Zustände und Zustandswechsel sind mit den Hilfsmitteln der Graphentheorie anschaulich darstellbar. Die Matrizenrechnung und die Laplace-Transformation vermindern den Rechenaufwand. Je nach Zielsetzung der gewünschten Aussage lassen sich Baugruppen oder Teilsysteme zu Betrachtungseinheiten zusammenfassen und in ihrem Zeitverhalten pauschal beschreiben. Häufig liegen aber keine ausführlichen und langfristig ermittelten Daten in Form von Zuverlässigkeitsfunktionen über das Störungsverhalten einzelner Bauelemente vor, sondern nur Pauschalinformationen über komplette Baugruppen in Form von Störungsraten / 4.5 /. Dann bietet die Methode der Markov-Ketten eine elegan-

te Möglichkeit, aus dem kurzfristigen Verhalten von Baugruppen
und Teilsystemen über Störungs- und Instandsetzungsraten auf
das langfristig zu erwartende Verhalten von Fertigungssystemen
zu schließen. Dabei ist aber zu berücksichtigen, daß die Zustandswahrscheinlichkeiten sehr empfindlich auf Änderungen der
Übergangsraten reagieren, d.h. die vorliegenden Übergangsraten
sind mitentscheidend für die Genauigkeit der ermittelten Werte.

Eine weitere einschneidende Einschränkung liegt in der Tatsache begründet, daß der betrachtete Prozeß als "gedächtnislos"
angenommen werden muß. Das bedeutet, daß nach jedem Ereignis
ein Neu-Zustand erreicht wird,was aber aufgrund von Plausibili-
tätsüberlegungen langfristig nicht zutreffend sein kann. Kleine
Justagen und Einstellungen sind dabei auch nicht ausreichend
beschrieben. Darüber hinaus müssen die Aufenthaltsdauern der
betrachteten Einheiten einer Exponential-Verteilung genügen.
Läßt man diese Voraussetzung unberücksichtigt, muß man auf die
Theorie der Semi-Markov- Prozesse übergehen (siehe auch Anhang,
Kap. 10.5).

Aus praktischen berechnungstechnischen Überlegungen sollte die
Zahl der betrachteten Systemzustände möglichst gering sein; das
widerspricht aber im allgemeinen einer genügend detaillierten
Systembeschreibung. Speziell ist zu bedenken, daß beim Einsatz
von Laplace-Transformationen im Laplace-Bereich komplizierte
Ausdrücke auftreten können, die nicht in den tabellierten Rück-
transformationsvorschriften enthalten sind.

4.3   Simulation

4.3.1   Digitale Simulation von Fertigungsabläufen

Zum Analysieren des Zeitverhaltens komplexer Systeme mit stochastischen Einflußgrößen wird insbesondere dann, wenn sie sich
einer analytischen Beschreibung entziehen, die Methode der digitalen Simulation herangezogen. Man versteht darunter die
Nachbildung des Zeitverhaltens realer Systeme in Form von Er-
satzmodellen mit diskreter Ereignisfolge. Diese Ersatzmodelle
bestehen aus einem Verbund von Algorithmen, die die realen Zeit-
abläufe nachbilden. Zum Auswerten dieser Ersatzmodelle werden

elektronische Digitalrechenanlagen eingesetzt, da sie
komplexe Ereignisfolgen entsprechend der Programmvorschrift
mit sehr hoher Geschwindigkeit abarbeiten können. Da die
Steuerung einer nachzubildenden komplexen Ereignisfolge einen
hohen Programmieraufwand erfordert, wurden Simulationssprachen
entwickelt, die das Steuern einer Ereignisfolge z.B. über pro-
gramminterne Simulationsuhr und Ereigniskalender und das Auslösen immer wiederkehrender gleichbleibender Ereignisse wie
Erzeugen einer beweglichen Einheit, Belegen einer stationären
Einheit durch eine bewegliche Einheit oder Verlassen einer War-
teschlange durch Standardroutinen übernehmen können. Beim Erstellen anwendungsorientierter Simulationsprogramme sind dann
im wesentlichen nur die Standardroutinen in geeigneter Weise
zu kombinieren.

Der Fertigungsablauf innerhalb von automatischen Fertigungssystemen kann als solche Folge einzelner Ereignisse beschrieben werden (z.B. Werkstückspannplatz belegen, Arbeitsraum einer
Werkzeugmaschine belegen, Auftreten einer Maschinenstörung
usw.). <u>Bild 21</u> zeigt das vereinfachte Flußdiagramm für ein Si-
mulationsmodell des in Bild 19 dargestellten Layouts eines Fertigungssystems. Die prismatischen Werkstücke werden am Spann-
platz auf Transportpaletten gespannt und nach einem vorzugeben-
den Belegungsplan vom Regalbediengerät zum Eingabepuffer der
Zielmaschine transportiert. Nach der Werkstückbearbeitung werden die Paletten mit Werkstücken an den maschineneigenen Aus-
gabespeicher übergeben und von dort zur nächsten Bearbeitungs-
station oder zum Systemausgang transportiert. Der Zentralspei-
cher dient zum Zwischenspeichern der Paletten mit Werkstücken.
Für solche Simulationsberechnungen sind die in Bild 21 aufgeführten Eingabedaten erforderlich. Diese Daten werden im allgemeinen fest vorgegeben, die Simulation ist damit determini-
stisch.

Die zufallsabhängigen Eingabedaten wie Betriebsdauern der Bearbeitungsstationen und des Transportsystems und Instandsetzungsdauern werden über Zufallszahlengeneratoren und aus der
Praxis bekannten oder zu ermittelnden Verteilungsfunktionen

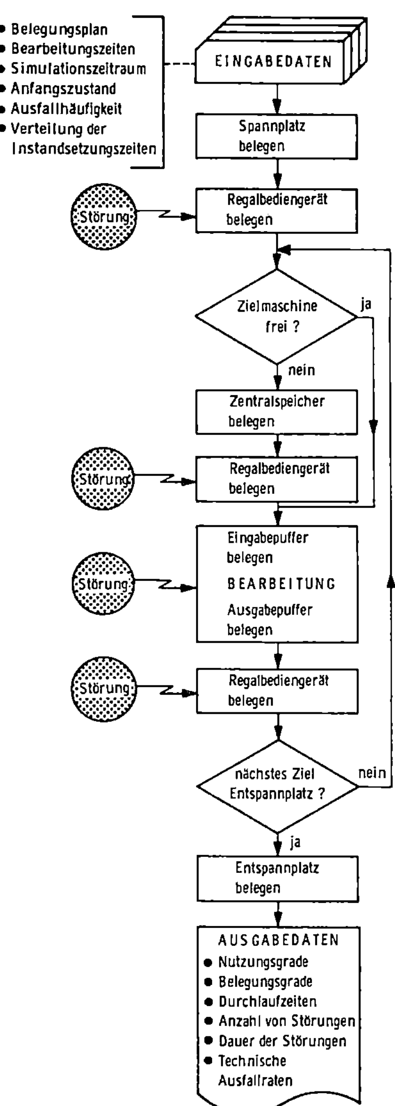

<u>Bild 21</u> : Flußdiagramm eines Simulationsmodells

erzeugt. Die Simulation einer Störung und Instandsetzung erfolgt dadurch, daß eine Systemkomponente, z.B. eine komplette Bearbeitungseinheit j, nach einer zufallsabhängigen Betriebsdauer T_{Aj} bis zum Zeitpunkt $T_{Aj} + T_{Rj}$ als gestört im Ereigniskalender des Simulationsprogramms vermerkt werden. T_{Rj} ist die jeweils über eine zufällige Stichprobe ermittelte Instandsetzungsdauer. Nach Ablauf dieser Zeit wird eine neue Betriebsdauer für die Komponente j zufallsabhängig erzeugt. Die je-

weils als Stichproben ermittelten Zeitdauern sind eine Unter-
menge aus der Grundgesamtheit der betreffenden Zufallsgrößen,
die errechneten Ergebnisse sind deshalb mit einer statistischen
Abweichung behaftet, wenn die Anzahl N der Stichproben nicht
sehr groß wird.

Für das oben genannte Beispiel eines flexiblen Fertigungssystems zum Bearbeiten prismatischer Werkstücke wurde sowohl der
ungestörte als auch der gestörte Fertigungsablauf für sieben
verschiedene Werkstückspektren simuliert, die durch unterschiedliche Mittelwerte der Bearbeitungsdauern der Werkstücke charak-
terisiert sind. Die Instandsetzungszeiten der NC-Bearbeitungs-
stationen wurden aus vorliegenden Daten entnommen (<u>Bild 22</u>).

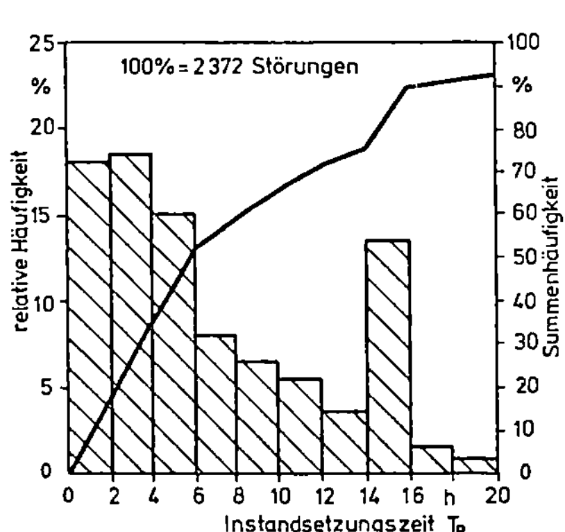

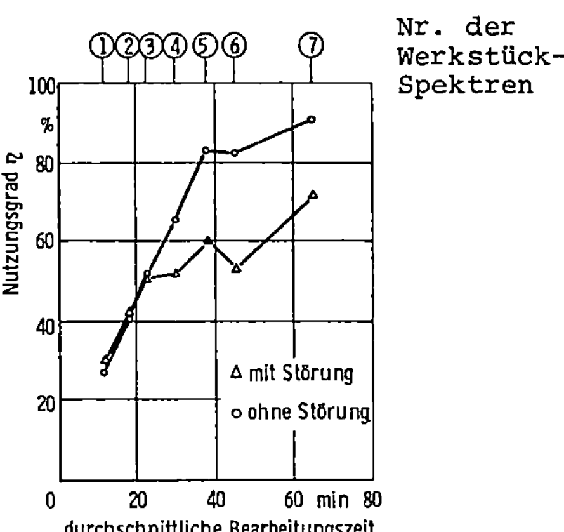

<u>Bild 22</u> : Instandsetzungszeiten für NC-Maschinen /4.6/

<u>Bild 23</u> : Nutzungsgrade beim Bearbeiten unterschiedlicher Werkstückspektren

Die Auswirkungen der Maschinenstörungen auf die Nutzungsgrade
des Fertigungssystems sind in <u>Bild 23</u> dargestellt. Der Nutzungsgrad η ist der Quotient von Haupt- und Nebenzeit zu Bereitschaftszeit je Station, wobei die Mittelwerte der sechs Nutzungsgrade aufgetragen wurden. Die Simulationsläufe repräsentieren einen einwöchigen Fertigungsablauf im Zwei-Schicht-Betrieb.
In weiteren Versuchen wurden den Maschinenstörungen noch zusätzliche Störungen des Regalförderzeuges während der Leer-
und Lastfahrt zugeschaltet. Wesentliche Veränderungen gegenüber
störungsfreiem Betrieb des Regalbediengerätes ergaben sich
nicht. Die Ausgabepuffer vor der Maschine hatten geringfügig

höhere, die Eingabepuffer etwas niedrigere zeitliche Belegung.
Ebenso erhöhte sich die Durchlaufzeit der Werkstücke zwischen
3 % und 5 %. Das bedeutet, daß das Fertigungssystem unter den
genannten Bedingungen gegen häufige kurze Störungen des Regalbediengerätes fast unempfindlich ist. Durch kurze Instandsetzungszeiten am Regalbediengerät wird die freie Transportkapa-
zität zwar verringert, sie macht sich insgesamt aber nur wie
eine geringfügig verringerte Transportgeschwindigkeit bemerkbar. Die zeitliche Ausnutzung der Bearbeitungsstationen wird
dadurch nur unwesentlich beeinflußt. Umso bedeutender sind
hingegen längere Störungen des Regalbediengerätes, da im allgemeinen nach der Hälfte der mittleren Bearbeitungsdauer der
Werkstücke   die Bearbeitungsmaschinen durch belegte
maschinennahe Palettenspeicher blockiert werden.

4.3.2   Bewertung der Simulation

Simulationsverfahren der oben genannten Art sind geeignet, das
stochastisch beeinflußte Zeitverhalten komplexer Fertigungssysteme zu untersuchen. Durch Variation der Eingabeparameter lassen sich Systemstrukturen finden, die für ein vorliegendes Werk-
stückspektrum einen wirtschaftlichen Nutzungsgrad des Systems
ermöglichen. Weiterhin läßt sich die Auswirkung von technischen,aber auch organisatorischen Störungen der Teilsysteme
auf die zeitliche Nutzung von Maschinen, Speichern, Systemein-
gang und Durchlaufzeiten erkennen. Zusätzlich ersieht man die
erzielbaren Verbesserungen der Systemverfügbarkeit, die durch
das Einplanen sich ersetzender Bearbeitungsstationen entstehen.

Die Methode der digitalen Simulation hat folgende Vorteile:

-   Leichtes Nachbilden insbesondere von komplexen vermaschten
    Systemen mit zeitlicher Verzögerung von Wirkungszusammen-
    hängen
-   Möglichkeit sehr hoher Abbildungsgenauigkeit,
-   Hohe Modellflexibilität bei entsprechender Gestaltung der
    Simulationsmodelle und Einsatz erprobter, universell und
    bausteinartig verwendbarer Simulationssprachen,
-   Bei komplexen Systemen der einzige Weg zur erforderlichen
    Planungsgenauigkeit und
-   im allgemeinen einfache mathematische Hilfsmittel.

Es ergeben sich naturgemäß aber eine Reihe von Einsatzgrenzen:
- schwieriges Abschätzen der Wirklichkeitstreue und der Abbildungsgenauigkeit des Modells,
- unanschauliche Darstellung der modellinternen Vorgänge
  (Abhilfe über pseudographische Darstellung oder Funktions-
  modell möglich),
- Einarbeitungsaufwand in Simulationstechnik und Program-
  mierung,
- gegebenenfalls sehr hoher Programmieraufwand,
- Dilemma zwischen Modellflexibilität und Abbildungsgenauigkeit,
- fehlender pragmatischer Optimierungsalgorithmus und
- gegebenenfalls sehr hoher Rechenzeitbedarf.

Angesichts der sehr hohen Investitionskosten und der Notwendigkeit exakter Planung für hochautomatisierte komplexe Fertigungseinrichtungen erscheint der Aufwand für die Simulation von zu
planenden Anlagen durchaus als gerechtfertigt, wenn noch keine
Einsatzerfahrungen mit ähnlichen Systemen vorliegen. Die Aussagegenauigkeit des Zuverlässigkeits-Zeitverhaltens wird dabei
entscheidend von der Abbildungsgenauigkeit des Modells und der
Genauigkeit bzw. der Übertragbarkeit der vorhandenen Daten beeinflußt. Bei neuen Systemen werden die Einsatzgrenzen haupt-
sächlich durch die gegebene Datengenauigkeit markiert; die Abbildungsgenauigkeit (Modelltreue) ist dagegen beliebig zu stei-
gern und nur durch den zeitlichen und personellen Aufwand bei
der Programmerstellung begrenzt.

4.4   Vergleich der Methoden

Das Boolesche Zuverlässigkeitsmodell bietet für die Fertigungstechnik eine einfache Möglichkeit, die Betriebsdauern von Fertigungseinrichtungen ohne Berücksichtigung von Instandsetzungs-
vorgängen zu berechnen bzw. abzuschätzen. Dabei kann eine Betrachtungseinheit nur zwei Zustände annehmen, der Zustandswechsel ist als stochastisch unabhängig anzunehmen. In Form der Rechenregeln Gl.4.3 und Gl.4.4 für Reihen- und Parallel-Anordnungen
liegen einfache Vorschriften vor, mit denen zuverlässigkeits-
technische Schwachstellen von Fertigungseinrichtungen und starr
verketteten Fertigungssystemen über Taschenrechner zu ermitteln
sind. Durch Wiederholung der Berechnung mit veränderten Stö-

rungswahrscheinlichkeiten ist der Einfluß der Zuverlässigkeit einzelner Stationen bzw. ihrer redundanten Auslegung leicht abzuschätzen. Die Werte der Störungswahrscheinlichkeiten sind dabei verteilungsunabhängig. Ist die Betriebsdauer von Fertigungseinrichtungen nicht vom Zustand aller Komponenten abhängig, so können Rechenverfahren eingesetzt werden, die entweder mit entsprechendem Schreibaufwand gut schematisierbar und damit für elektronische Datenverarbeitungsanlagen geeignet sind oder mehr analytischen Aufwand benötigen.

Häufig sind aber zwei Zustände zum Beschreiben des Zuverlässigkeitsverhaltens von Fertigungseinrichtungen nicht ausreichend. Darüber hinaus wird über die Störungsart nichts ausgesagt, ob also z.B. ein Endschalter ausgefallen ist oder ein Werkstück mit unzulässiger Toleranzabweichung gefertigt wurde. Der entscheidende Nachteil des Booleschen Modells liegt in der Annahme der Unabhängigkeit von Störungen, denn durch Ausfall oder Störung einzelner Komponenten kommt es im allgemeinen zu Folgestörungen an nachgeschalteten Baueinheiten. Zeitverzögerungen von Störungsauswirkungen sind ebenfalls nicht erfaßbar, z.B. Aussagen über Störungspuffer in Fertigungslinien.

Das Markov-Modell besitzt gegenüber dem Booleschen Modell den Vorteil, daß das Regenerationsverhalten von Fertigungssystemen und damit ihre zeitveränderliche Verfügbarkeit ermittelt werden kann. Somit kann man nicht nur Aussagen über die Betriebsdauern, sondern auch über Stördauern von Fertigungseinrichtungen einbeziehen. Die Anzahl der zu unterscheidenden System- oder Komponentenzustände läßt sich den jeweiligen Erfordernissen anpassen. Die Wahrscheinlichkeitswerte für den Wechsel zwischen den definierten Zuständen müssen als Übergangsrate, bei Fertigungseinrichtungen also als Störungsrate und als Instandsetzungsrate, vorliegen. Aufgrund dieser Informationen ist es möglich, das Langzeitverhalten von Fertigungseinrichtungen zu beurteilen. Durch Einsetzen der Matrizenrechnung und durch Laplace-Transformationen ist dieses Rechenverfahren schematisierbar und für EDV-Einsatz geeignet. Es ist aber zu berücksichtigen, daß die Verweildauern in den einzelnen Zuständen einer Exponentialverteilung genügen müssen, was eine entscheidende Einschränkung bedeutet (siehe Kap. 5). Zusätzlich ist bei homogenen Markov- Prozessen (Prozessen mit stationären Übergangswahrscheinlichkeiten) zu bedenken, daß der betrachtete Zustand nur vom unmittelbar vorhergehenden Zuständen und nicht von weiter zurückliegenden Zuständen abhängt. Das bedeutet z.B., daß sich eine Fertigungseinrichtung nach einer Instandsetzung stets in einem Zustand befindet, der unabhängig von der Qualität und Anzahl der vorher durchgeführten Instandsetzungen ist. Die Festlegung der zu betrachtenden Zustände bedarf großer Sorgfalt, da der Rechenaufwand mit der Zahl der Zustände sehr stark ansteigt.

Den genannten analytischen Verfahren steht die in Kap. 4.3.1 beschriebene Simulation als heuristisches Verfahren gegenüber. Die Simulation ist von der mathematischen Theorie her einfacher, erfordert aber bei großen Systemen sehr großen Programmier- und Rechenzeitaufwand. Infolge der hohen Flexibilität von Programmiersprachen und Simulationssystemen lassen sich beliebige Effekte im zeitlichen Ablauf von Fertigungssystemen wie überlappt auftretende Störungen, Zeitverzögerungen bei der Störungsausbreitung oder bestimmte Instandhaltungsstrategien nachbilden. Die Simulation ist damit die universellste der genannten Berechnungsmethoden. Beim Nachbilden komplexer Fertigungssysteme mit hoher Zuverlässigkeit wird aber die benötigte Rechenzeit im allgemeinen unvertretbar lang, da aufgrund der hohen Zuverlässigkeit der Betrachtungseinheiten Störungsereignisse nur äußerst selten auftreten und somit für eine statistisch signifikante Aussage sehr lange Rechenzeiten erforderlich werden. Durch Unzulänglichkeiten von Pseudo-Zufallszahlengeneratoren und ungenügend großen Stichprobenumfang sind die Simulationsergebnisse im Gegensatz zu den analytischen Methoden mit statistischer Unsicherheit behaftet. Andererseits müssen analytische Ergebnisse nicht notwendigerweise genauer sein, da für die Berechnung oft einige die Realität stark vereinfachende Annahmen getroffen werden müssen.

Die die unterschiedlichen Modellansätze kennzeichnenden Vorzüge und Einsatzgrenzen sind in __Bild 24__ in einer Übersicht zusammen-

	Boolesches-Modell	Markov-Modell	Simulation
Einsetzbar für Zuverlässigkeitsberechnung	●	●	●
Einsetzbar für Verfügbarkeitsberechnung	○	●	●
Modellflexibilität	●	◐	◐
hohe Abbildungsgenauigkeit	◐	◐	●
einfache Theorie	◐	◐	●
niedriger Rechenaufwand	●	◐	○
Schematischer Berechnungsablauf	●	◐	○
Berechnung ohne EDV-Einsatz	●	◐	○
große Zustandsvielfalt	○	◐	●
Abhängigkeit von Systemteilen zulässig	○	◐	●
Unempfindlichkeit bei Datenänderungen	◐	○	●
Unabhängigkeit von Verteilungstypen	●	○	●

○ ≙ Merkmal nicht zutreffend
● ≙ Merkmal zutreffend

<u>Bild 24</u> : Bewertung der Modellansätze

gefaßt. Jeder dieser Modellansätze hat also deutliche Vorteile
und Einsatzgrenzen, so daß je nach Gewichtung der genannten
Kriterien und dem zeitlichen Ablauf innerhalb der Planung hochautomatisierter Fertigungseinrichtungen die geeignete Methode
auszuwählen ist. Der Einsatz der genannten mathematischen Modelle in der industriellen Praxis wird aber nur dann zu ver-
wertbaren Ergebnissen führen, wenn er auf der Grundlage wirk-
lichkeitsnaher Daten durchgeführt werden kann.

5.1   Statistische Verteilungen

Das Anwenden der in Kap. 4 genannten mathematischen Berechnungsmodelle für Verfügbarkeitsberechnungen erfordert es, die in Kap. 2 definierten Zuverlässigkeits- und Instandsetzungskennwerte für jede Betrachtungseinheit aus vorhandenen oder zu ermittelnden Daten einzeln anzugeben. Für die mathematische Darstellung von Verteilungsfunktionen der Kennwerte werden die stetigen Verteilungen herangezogen, die aber als Schätzwerte aus den diskreten Werten gebildet werden müssen. Diese Schätzwerte können dabei von den entsprechenden Werten der stetigen Kennwerte abweichen. Es läßt sich zeigen /5.1/, daß sich diese Abweichung $\lambda - q$ für exponential verteilte Störungsquote $q(t)$ und Störungsrate $\lambda(t)$ quantifizieren läßt als

$$\Delta = (-\ln(1-q)) - q \qquad (5.1)$$

Die Abweichung der Störungsquote q von der Störungsrate λ ist in __Bild 25__ für einen ausgewählten Wertebereich aufgetragen.

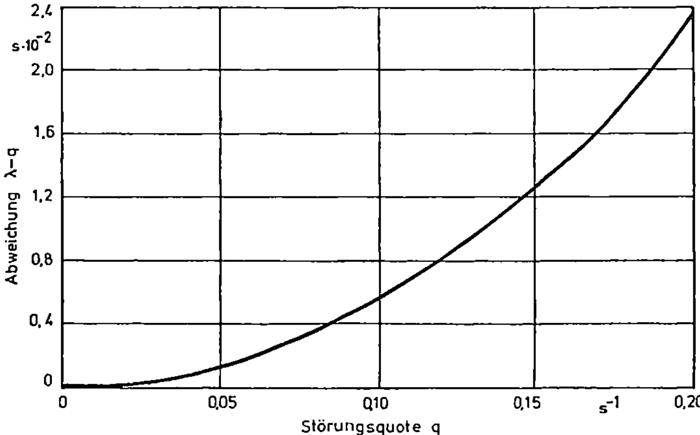

__Bild 25__ : Abweichung der Störungsrate von der Störungsquote

Aufgrund von Gl.5.1 lassen sich also die diskreten Kennwerte auf den wahren Wert der stetigen Kennwerte korrigieren. Mit den stetigen Kennwerten lassen sich dann die Verteilungsfunktionen der Zuverlässigkeits- und Instandsetzungskennwerte mathematisch darstellen.

5.1.1   Exponential-Verteilung

In Zusammenhang mit Zuverlässigkeitsbetrachtungen wird sehr
häufig die Exponentialverteilung als Verteilungstyp einer zufallsabhängigen Zeitdauer wie Betriebsdauer T_A oder Instandsetzungsdauer T_R genannt.

An dieser Verteilung ist eine Eigenschaft besonders bemerkens-
wert, die sich am Beispiel der Betriebsdauer T_A auf verschiedene Weisen ausdrücken läßt:

- Die Verteilung der Restbetriebsdauer hängt nicht von dem
  erreichten Betriebszeitpunkt ab, sondern sie gleicht der
  Gesamtbetriebsdauerverteilung,
- sie besitzt konstante Störungsrate $\lambda(t) = \lambda$, d.h.,
- die Störungswahrscheinlichkeit der betrachteten Einheit ist
  unabhängig von der störungsfrei erreichten Betriebsdauer,
- die Störungen sind sogenannte "Zufallsstörungen", wobei zu
  berücksichtigen ist, daß alle Störungen per def. zufällig
  auftreten. Gemeint ist dabei, daß die Störungswahrscheinlichkeit a priori keinem eindeutig erkennbaren Ursachenzu-
  sammenhang zuzuordnen ist: exponentialverteilte Störungsraten
  sind zeitinvariant.

Der entscheidende Nachteil der Exponentialverteilung besteht
darin, daß hierbei die kürzesten Zeitdauern als am häufigsten
vorkommend angesehen werden;eine Tatsache, der durch die Vor-
stellung einer Mindestbetriebsdauer, insbesondere aber einer
Mindestinstandsetzungsdauer widersprochen werden muß. <u>Bild 26</u>

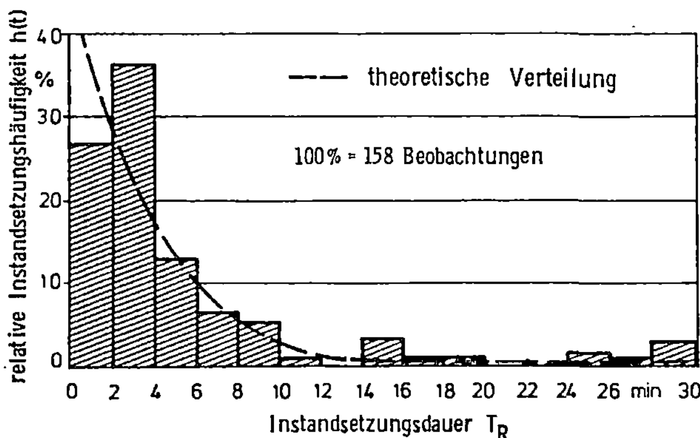

<u>Bild 26</u> : Häufigkeitsverteilung von Instandsetzungszeiten

zeigt eine typische Häufigkeitsverteilung der Instandsetzungsdauern einer Station in einer Schweißstraße mit nicht-exponen-
tial verteilter relativer Instandsetzungshäufigkeit h(t).

Trotzdem besitzt gerade die Exponentialverteilung in der mo-
dernen Erneuerungs- und Systemzuverlässigkeitstheorie entscheidende Bedeutung, da komplexe Aussagen über Inspektion und Er-
neuerung von technischen Systemen bei nicht-exponential-ver-
teilten Funktionen an die Grenzen der bestehenden mathematischen Theorie stößt / 5.2 /. Darüber hinaus ergibt sich gerade
bei komplexen Fertigungssystemen eine Überlagerung verschie-
denster Störungseinflüsse, so daß sich für die Betriebsdauerverteilung des Gesamtsystems im allgemeinen eine der Exponential-Verteilung nahekommende Verteilung ergibt /4.1/. <u>Bild 27</u>

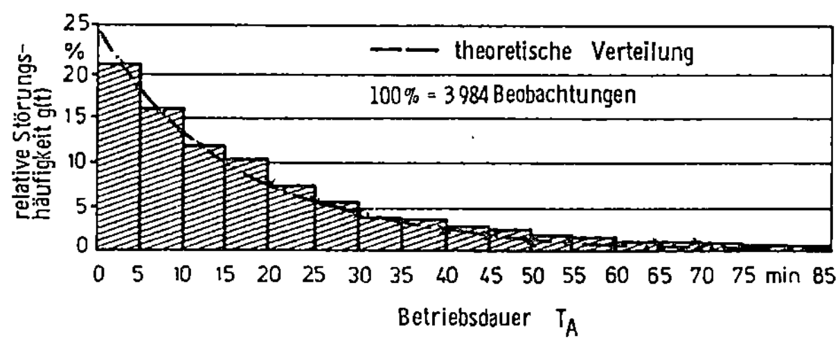

<u>Bild 27</u> : Relative Störungshäufigkeit g (t) einer Transferstraße

zeigt als Beispiel die relative Störungshäufigkeit g(t) der
über den Zeitraum eines Jahres ermittelten Betriebsdauern einer
Transferstraße. Nach Bild 27 handelt es sich scheinbar um eine
Exponentialverteilung, <u>Bild 28</u> weist aber daraufhin, daß die

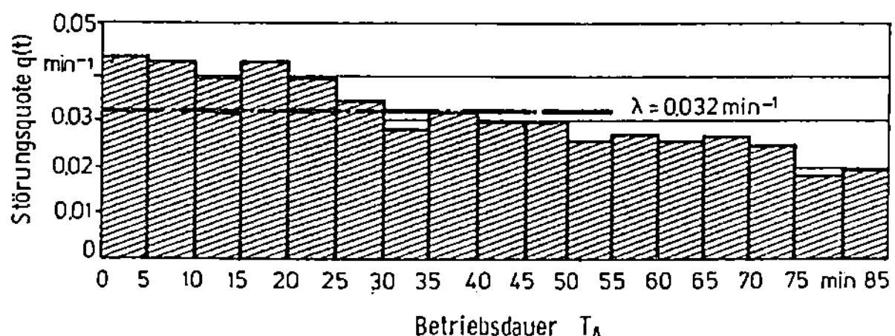

<u>Bild 28</u> : Störungsquote   q (t) einer Transferstraße

Störungsquote q(t) nicht konstant ist, sondern mit zunehmender
Betriebsdauer absinkt. Das bedeutet, daß die Anlage mit zunehmender Betriebsdauer zuverlässiger wird: Es handelt sich offensichtlich um einen Einschwingvorgang; die Transferstraße ist

umso mehr störungsfrei, je länger sie einen störungsfreien Betriebszustand erreicht hat. Im Vergleich mit den üblicherweise auftretenden Schwankungen der Störungsquote kann man diese Werte aber durchaus als konstant bezeichnen.

5.1.2 Weibull-Verteilung

Aufgrund ihrer Vielseitigkeit hat in letzter Zeit die zwei-parametrige Weibull-Funktion

$$R(t) = e^{-\frac{1}{\alpha}(t-T_0)^\beta} \qquad (\;5.2\;)$$

in der Zuverlässigkeitstheorie an Bedeutung gewonnen / 5.3 /. Mit ihr lassen sich unterschiedliche Verläufe von Zuverlässigkeits- und Instandsetzungskennwerten nachbilden. Der Form-Parameter β bestimmt die Form der Verteilung:

$\beta = 1$: Exponentialverteilung (konstante Rate)

$\beta > 1$: monoton steigende Rate

$\beta < 1$: monoton sinkende Rate

Der Wert T_0 verändert die Lage der Verteilungsfunktion zum Nullpunkt. Mit diesem Wert kann insbesondere bei der Instandsetzungswahrscheinlichkeit eine bei allen Instandsetzungszeiten auftretende Mindest-Instandsetzungsdauer berücksichtigt werden.

Da die mathematisch-numerische Ermittlung der Parameter kompliziert ist, schätzt man in der Praxis α und β auf graphischem Wege. Dazu besteht ein auf der Abszisse einfach logarithmisch und auf der Ordinate doppelt logarithmisch aufgetragenes Wahrscheinlichkeitspapier, in das die Summenhäufigkeitswerte eingetragen werden können.

Die charakteristische Zeit T_c der Verteilung ist gerade dann erreicht, wenn der gesamte Exponent zur Basis e gerade -1 beträgt.

5.1.3 Andere Verteilungen

Neben der verschleißbedingte Störungen kennzeichnenden Normalverteilung besitzt auch die Lognormalverteilung insbesondere als Verteilung für Instandsetzungszeiten erhöhte Bedeutung /1.8/. In /5.4/ wird eine drei-parametrige logarithmische Normalverteilung für die Reparaturzeitverteilung an Kraftwerksblöcken angegeben mit dem Hinweis auf zwei verschiedene Arten von Störungen: Zur ersten Art gehören kleine Störungen, die durch das Bedienungs- oder Instandhaltungspersonal schnell be-

hoben werden können. Dafür läßt sich eine Exponentialverteilung
annehmen. Zur zweiten Störungsart gehören langandauernde Betriebsunterbrechungen, die eine längere Fehlersuchzeit, De-
montagezeit, Wartezeit für die Anreise von externem Personal
oder Beschaffung von beim Betreiber nicht vorrätigen Ersatz-
teilen erfordern. Wenn die Instandsetzung also nicht nach kur-
zer Zeit beendet ist, wird ihre schnelle Beendigung zunehmend
unwahrscheinlicher. Dieser Sachverhalt konnte auch bei Fertigungseinrichtungen beobachtet werden (<u>Bild 29</u>). Dauerte die

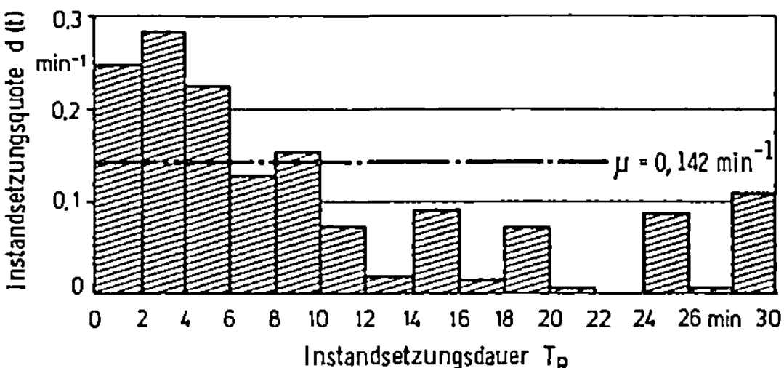

<u>Bild 29</u> : Instandsetzungsquote d (t) einer Transferstraße

beobachtete Instandsetzung länger als sechs Minuten, sinkt die
Instandsetzungsquote deutlich ab. Noch deutlicher ist dieser
Instandsetzungsquotenverlauf bei einer Analyse von Störungen
in einer Getriebefertigung beobachtet worden (<u>Bild 30</u>). Inner-

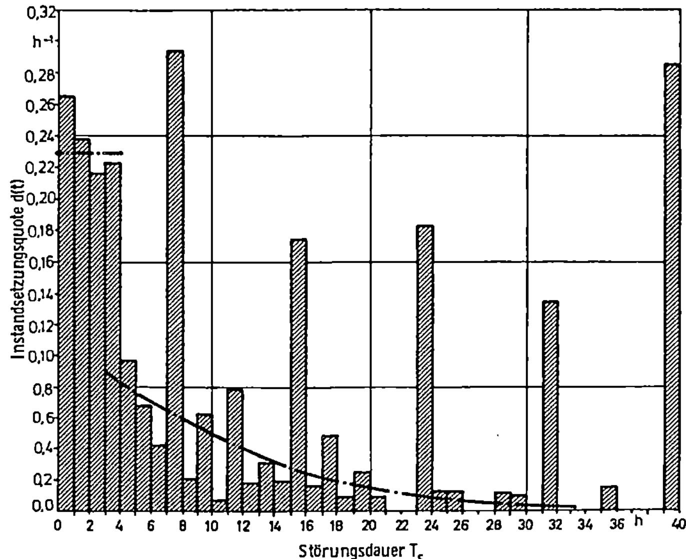

<u>Bild 30</u> : Instandsetzungsquote d (t) in einer Getriebefertigung

halb von vier Stunden liegt die Instandsetzungsrate μ(t) annähernd bei μ = 0,23 h^{-1} (d.h. kurze Störungen verlaufen nach einer Exponentialverteilung). Danach fällt sie auf μ = 0,1 h^{-1} und nimmt dann ständig weiter ab, wenn man von den durch organisatorische Randbedingungen verursachten Sprüngen der Instandsetzungsquote bei ganzzahligen Vielfachen der Schichtdauer von acht Stunden absieht. Aufgrund des vermehrten mathematisch-statistischen Aufwandes beim Ermitteln solcher komplizierten Funktionen sollte versucht werden, Häufigkeitsverteilungen dieser Art durch Exponential- oder Weibull-Funktionen anzunähern. Bei einer solchen vergröberten Abbildung muß dann allerdings ein vergrößerter statistischer Vertrauensbereich in Kauf genommen werden.

5.1.4 Parameterschätzung und Vertrauensbereich

Der Verteilungstyp von Stichprobenwerten kann bei der Exponential-, der Normal- und der Weibull-Verteilung besonders leicht mit graphischen Verfahren ermittelt werden. Diese Verfahren liefern gleichzeitig Näherungswerte für die Parameter der Verteilungen. Es gibt allgemein anwendbare Verfahren zum Ermitteln dieser Schätzwerte von Verteilungsfunktionsparametern wie z.B. Maximum-Likelihood-Methode /5.5/.

Darüber hinaus muß man feststellen, wie weit die gefundenen Schätzwerte von den tatsächlichen Werten für die Grundgesamtheit abweichen. In der Statistik sind dazu Methoden bekannt, wie mit Hilfe der Parameterschätzwerte Bereiche befunden werden können, die mit einer wählbaren Wahrscheinlichkeit (z.B. 90 %) den tatsächlichen Wert des Parameters enthalten / 5.6 /. Dieser Bereich heißt Konfidenzintervall oder Vertrauensbereich.

5.2 Datengewinnung

5.2.1 Hierarchiestufe der Betrachtungseinheit

Daten über Störungswahrscheinlichkeiten von fertigungstechnischen Systemen können auf verschiedenen Hierarchiestufen eines Systems gewonnen werden. Daten von diskreten Bauteilen der Elektronik liegen in umfassenden Datenbanken vor (z.B. / 5.7 /). Aufgrund der Preiswürdigkeit, der Kleinheit und der Vielzahl

dieser Bauteile können umfangreiche Tests durchgeführt werden,
die verschiedenste Parameter wie unterschiedliche Belastung
durch Temperatur und Vibration o.ä. berücksichtigen.
Für den Bereich mechanischer Bauteile und Baugruppen liegen weniger allgemeingültige Daten vor (z.B. in /4.5/). Für einzelne mechanische Bauteile sind Zuverlässigkeitstest nur dann sinnvoll, wenn es sich um sicherheitsrelevante Bauteile handelt,
wenn sie den Kostenbedarf für die Versuchsdurchführung recht-
fertigen und wenn sie in großen Stückzahlen gefertigt werden
(z.B. bei Kugellagern). Auch aus Verkaufszahlen von Ersatztei-
len können zumindest im Bereich der Automobiltechnik Anhalts-
werte für Zuverlässigkeitskenndaten von Bauelementen und Baugruppen gewonnen werden. Ansonsten ist die Formen-, Bearbei-
tungs-, Werkstoff- und Dimensionierungsvielfalt bei mechanischen Bauteilen so groß, daß das Ermitteln von Zuverlässigkeits-
kennwerten für einzelne Bauteile nur in sehr begrenztem Rahmen
sinnvoll erscheint.

Für häufig auftretende Baugruppen und Teilsysteme hingegen können bei entsprechendem Stichprobenumfang Schätzwerte für die
Zuverlässigkeit aus vorhandenen Unterlagen wie Reparaturlisten
abgeleitet werden. Bild 31 zeigt die über zehn Monate ermittel-

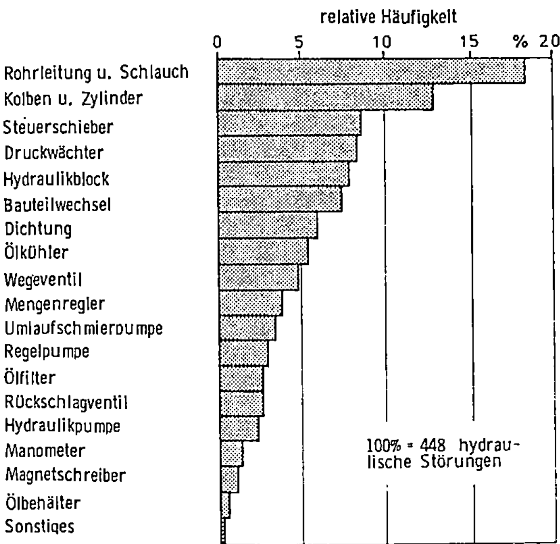

Bild 31 : Relative Störungshäufigkeit hydraulischer Baugruppen

te relative Häufigkeit verschiedener Bauteile und Baugruppen als Anteil an den hydraulischen Störungen in einer spanenden Fertigungsabteilung. Für Fertigungseinrichtungen wie NC-Werkzeugmaschinen und Transferstraßen liegen vereinzelt Störungsdaten in Form von Störzeitanteilen oder Verfügbarkeitsdichten vor (z.B. /5.8/). Aufgrund der unterschiedlichen Definitionen und Abgrenzungen von Baugruppen sind diese Daten nicht miteinander vergleichbar, zumal über die Einsatzbedingungen der betreffenden Fertigungseinrichtungen keine Angaben vorliegen.

5.2.2 Datenarten

Um die in Kap. 4 erläuterten und bewerteten Berechnungsmethoden für die Verfügbarkeitsermittlung an Fertigungseinrichtungen einsetzen zu können, sind Angaben über

- Betriebsdauern und
- Instandsetzungsdauern

je Betrachtungseinheit erforderlich. Für gezielte Schwachstellenanalysen sind darüber hinaus Angaben über Störungsort, Störungsursache und ggf. Störungsfolgen erforderlich. Neben den quantifizierbaren Angaben sind vor allem die Einsatzbedingungen der Fertigungseinrichtung, d.h. z.B. Umgebungseinflüsse wie Temperatur (jahreszeitlich schwankende Hallentemperatur), Staub (z.B. Flugrost bei der Schruppbearbeitung von angerostetem Rohmaterial) oder der Nutzungsgrad für die Zuverlässigkeit von Fertigungseinrichtungen ausschlaggebend. So macht sich besonders bei elektronischen Steuerungen eine Abschirmung von der üblichen Hallenumgebung als deutliche Verbesserung der Verfügbarkeit bemerkbar. Bild 32 zeigt die über ein Jahr gemittelten

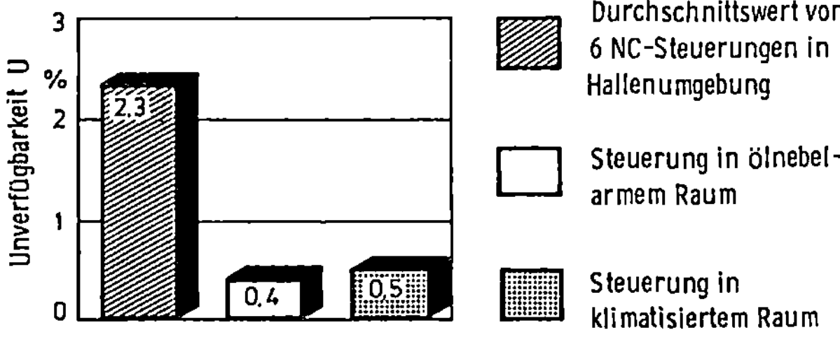

Bild 32:   Unverfügbarkeit elektronischer Steuerungen

Unverfügbarkeitswerte U von acht elektronischen Steuerungen,
die in einer Fertigungsabteilung einer Pkw-Fertigung eingesetzt
wurden (3 Fräs-, 5 Meßmaschinen mit Durchschnittsalter von 6,25
Jahren mit Zwei- bis Vier-Achsen-Bahnsteuerung in IC-TTL-Technik mit diskreten Bauelementen). Die Unverfügbarkeit U wurde
ohne Berücksichtigung von Wartezeiten für Instandhaltungspersonal ermittelt.

Da es sich beim Gewinnen von Zuverlässigkeitsdaten für technische Systeme stets um eine retrospektive Vorgehensweise handelt,
lassen sich für neuartige Fertigungssysteme zunächst keine Daten angeben. Als Ausweg bietet es sich an, Schätzmöglichkeiten
auszunutzen. Wenn deutliche konstruktive und systemtechnische Ähnlichkeiten der neukonzipierten Fertigungseinrichtung
zu bestehenden Anlagen erkennbar sind, kann man bei Berücksichtigung der Einsatzbedingungen und der organisatorischen
Randbedingungen die ermittelten Zuverlässigkeits- und Instandsetzungskennwerte als Anhalt übernehmen. Sind einzelne Teilsysteme Neukonstruktionen, so kann man diesbezügliche Zuverlässigkeitskennwerte nur aus Schätzwerten für erprobte Baugruppen
wie Motoren, Getriebe, Schalter, Lager und aus Testreihen für
neu konstruierte Baugruppen erhalten /5.9/. Im Bereich des Maschinenbaus sind aber Testreihen mit statistisch relevanter
Stichprobenanzahl sehr kostenintensiv, so daß man solche Versuche nur so lange durchführt, bis 10 % der erwarteten Ausfälle
eingetreten sind. Diese Zeitdauer wird üblicherweise B_{10}-Wert
genannt.

Eine andere Möglichkeit zum Verkürzen der Versuchsdauer liegt
im Ausnutzen von möglichen Zeitraffer-Effekten beim Ermitteln der Störungsquote z.B. für eine Magnet-Schreib- und -Lese-
Station für eine Zielsteuerung an einer linearmotorgetriebenen
Paletten-Transfereinrichtung auftraten, die für den Einsatz in
flexiblen Fertigungssystemen konzipiert und als Versuchsaufbau realisiert wurde. In Vorversuchen hatte sich herausgestellt,
daß die Zuverlässigkeit des magnetischen Codier- und Decodiervorganges unter anderem wesentlich von der Verfahrgeschwindigkeit der Palette abhängt. Deshalb wurde der zu überprüfende
Vorgang zunächst bei hoher Verfahrgeschwindigkeit $v = 1,4$ m/s
durchgeführt. Dabei konnte der Verfahrzyklus durch die program-

mierbare Steuerung automatisiert werden, so daß nur die Zähl-
nummer der Zyklen registriert wurden, bei denen Fehler beim
Codieren und Decodieren auftraten. Die Versuche wurden nach
N = 200 fehlerhaften Zyklen abgebrochen. Daraus wurde die relative und die Summenhäufigkeitsverteilung der fehlerfreien Co-
dierungszyklen ermittelt (Bild 33). Bei Versuchen mit langsame-

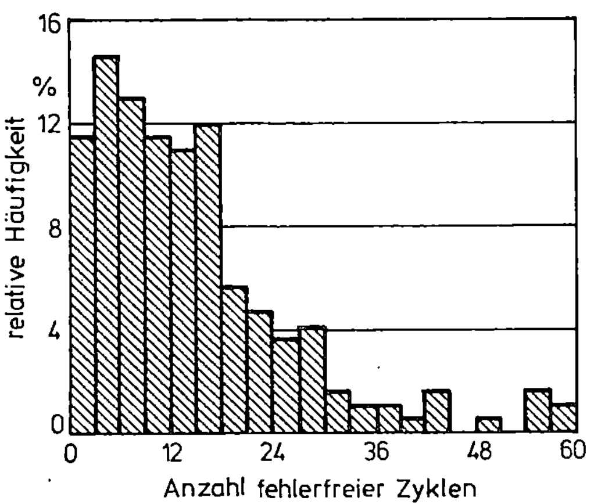

Bild 33a: Relative Häufigkeit fehlerfreier Schreib-Lese-Zyklen

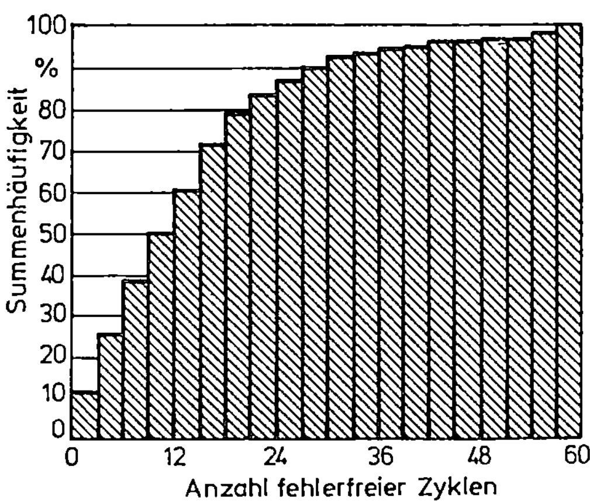

Bild 33b: Summenhäufigkeit fehlerfreier Schreib-Lese-Zyklen

rer Verfahrgeschwindigkeit der Palette wurde eine kleinere Anzahl von Fehlern abgewartet, die aber aufgrund der größeren
Zuverlässigkeit des Vorgangs eine große Zahl von Verfahrzyklen
erforderte. Wenn man annimmt, daß der zunächst ermittelte Verteilungstyp sich infolge der Verfahrgeschwindigkeit nicht wesentlich ändert, so kann man aus wenigen Meßdaten bei langsa-
mer Geschwindigkeit den charakteristischen Wert T_A schätzen und
erhält so mit dem zuvor ermittelten Verteilungstyp die Verteilungsfunktion für langsame Verfahrgeschwindigkeiten.

5.2.3 Datenerfassung

Da Störungen als ungewollte Ereignisse naturgemäß zusätzliche
Aktivitäten der Instandhaltung auslösen, wird vorwiegend dieser Zusatzaufwand und seine Ursachen erfaßt, zumal sich aus
diesen Daten bei Fertigungseinrichtungen mit hohem zeitlichem
Nutzungsgrad die Betriebsdauern ggf. zurückrechnen lassen.

5.2.3.1 Manuelle Datenerfassung

Das Erfassen von zuverlässigkeitsrelevanten Daten aus der In-
standhaltungstätigkeit kann in verschiedenen Abstufungen zwischen manueller und maschineller Erfassung erfolgen. Die Datenerfassung an Fertigungseinrichtungen erfolgt z.Zt. vorwiegend manuell oder teilautomatisiert. Die einfachste Form der
manuellen Stördatenerfassung ist das handschriftliche Eintra-
gen von störungsbezogenen Daten in Formulare. Dabei wird üblicherweise die Störungsursache in kodierter Form dokumentiert
und ggf. erläutert. Bei der derzeit üblichen Stördatenerfassung an Fertigungseinrichtungen werden die verschiedenen Störungsursachen dabei im allgemeinen so ungenau abgegrenzt, daß
sie für Zuverlässigkeitsberechnungen von geringer Bedeutung
sind. Wenn andererseits der Fehlercode zu umfangreich wird, ist
er nicht mehr überschaubar und wird nur noch teilweise eingesetzt. Die Darstellungen in <u>Bild 34</u> repräsentieren die Gesamt-

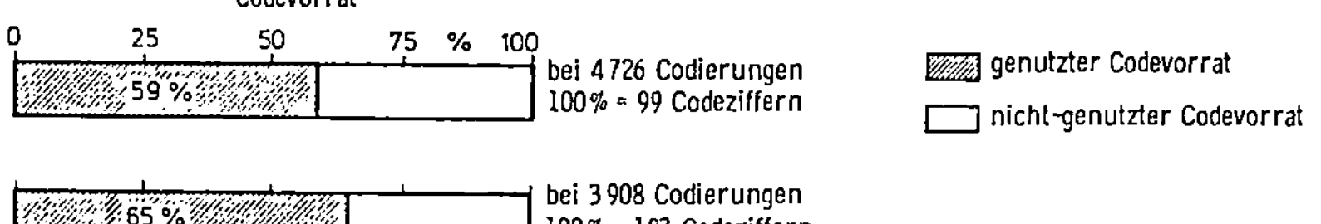

<u>Bild 34</u> : Ausnutzung von Störungscodes

zahl von Fehlerkodierungsmöglichkeiten in zwei Fertigungsbetrieben und den bei einjährigem Beobachtungszeitraum festge-
stellten tatsächlich genutzten Anteil. Darüber hinaus besteht
bei dieser Fehlerkodierung die Gefahr, daß der Zeitaufwand für
genaue Fehlerursachenanalyse durch Einsetzen der Ziffer für
"Sonstiges" gedrückt und damit eine Ursachenforschung unmöglich wird.

Häufig werden Stördatenerfassungsblätter nicht ausgefüllt, da
das Instandhaltungspersonal von den Auswertungen keine Rück-
information erhält und damit den Wert dieser Information
nicht erkennen kann. Ein zwangsläufiges Ausfüllen kann z.B.
dann erreicht werden, wenn die Datenblätter gleichzeitig zur
Lohnfindung des Instandhaltungspersonals genutzt werden. Beim
Selbstaufschrieb sind neben zufälligen Fehlern auch systematische personenbedingte Fehler zu beobachten. **Bild 35** zeigt die

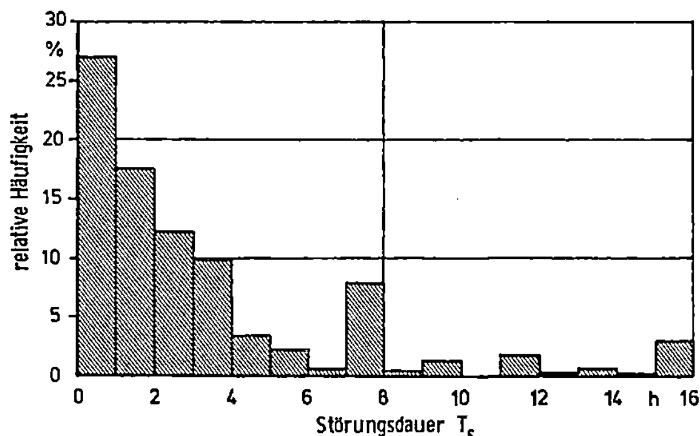

Bild 35: Relative Störungsdauern in einem Fertigungsbetrieb

relative Häufigkeit von Störungsdauern bei 913 Instandsetzungen in einem Fertigungsbetrieb. Dabei fällt auf, daß bei Stördauern von acht Stunden und ganzzahligen Vielfachen von acht
eine deutliche Häufigkeitssteigerung gegenüber rechts- und
linksseitigen Werten auftritt, die durch aufgerundete Zeitan-
gaben der Störungsdauern zum Schichtende hin zu erklären ist.

5.2.3.2 Maschinelle Datenerfassung

Eine verbreitete Möglichkeit zum teilmaschinellen Stördatener-
fassen ist der Einsatz von Zeitschreibern. Dabei wird über die
gesamte Betriebszeit einer Fertigungseinrichtung der jeweils

vom Bediener einzugebende Systemzustand der Fertigungseinrichtung wie "Störung" oder "Werkzeugwechsel" und dessen Dauer mitgeschrieben. Die aufgezeichneten Diagramme sind maschinell auswertbar und werden zum überschlägigen Bewerten der zeitlichen Nutzung von Fertigungseinrichtungen eingesetzt.

Eine komfortablere Lösung für das Erfassen von Stördaten ist in bildschirmgestützten elektronischen Erfassungs- und Auswertungsverfahren und -einrichtungen zu sehen. Dabei kann eine größere Datenmenge je Zeit und Störung als bei Handaufschrieb eingegeben werden und nach wählbaren Kriterien über Rechnerprogramme ausgewertet werden. Die Datenerfassung wird vom Bediener unabhängig, wenn die relevanten Daten über ständig mitlaufende oder intermittierend bzw. nach Bedarf eingeschaltete Sensoren innerhalb der Fertigungseinrichtungen aufgenommen werden und über maschinelle Datenträger dokumentiert werden. Erst hierdurch wird die Fehlermöglichkeit durch den Bediener bei der Zuordnung von Symptomen zu Fehlerursachen ausgeschaltet.
Die genannten Verfahren werden nur nach Eintritt einer Störung an einer Fertigungseinrichtung eingesetzt. Darüber hinaus ist das ständige Mitschreiben und Auswerten von Betriebsdaten möglich, die dann im Störungsfall durch Zurückverfolgen einzelner Kennwerte eine Störungsursache erkennbar werden lassen.

5.2.4   Datenbewertung

Da Störungen zufällig auftreten, sind Großzahlkollektive erforderlich, um die benötigten Verteilungsfunktionen zu erhalten. Mehrere identische Fertigungseinrichtungen sind aber selbst in großen Unternehmen nur selten anzutreffen, so daß sich bei einer statistischen Stördatenauswertung häufig kein repräsentativer Stichprobenumfang ergibt. Die in der Elektronik, der Raumfahrt und in der Nukleartechnik übliche bauteilspezifische Angabe von Ausfallraten für einzelne Bauelemente und Baugruppen ist bis auf Ausnahmen /1.12/ in der Fertigungstechnik unbekannt. Deshalb werden Zuverlässigkeitsaussagen meist nur bezüglich Baugruppen wie Endschalter, Schütz, Relais, Motor und Getriebe getroffen. So findet man im Schrifttum / 4.5 / und in der industriellen Praxis meist grob genäherte

Mittelwerte und Prozentangaben über Zuverlässigkeitskennwerte
von Baugruppen, Teilsystemen oder kompletten Fertigungseinrichtungen, die im Einzelfall erheblich von den angegebenen Mittel-
werten abweichen können. So ergaben sich z.B. aus der in 5.2.2
genannten Dokumentation von Betriebs- und Störungsdauern von
acht elektronischen Steuerungen in einem Fertigungsbetrieb die
in <u>Bild 36</u> dargestellten Werte der mittleren Betriebsdauern
$\overline{T}_A$ und der mittleren Stördauern $\overline{T}_R$ und deren Durchschnittswerte.

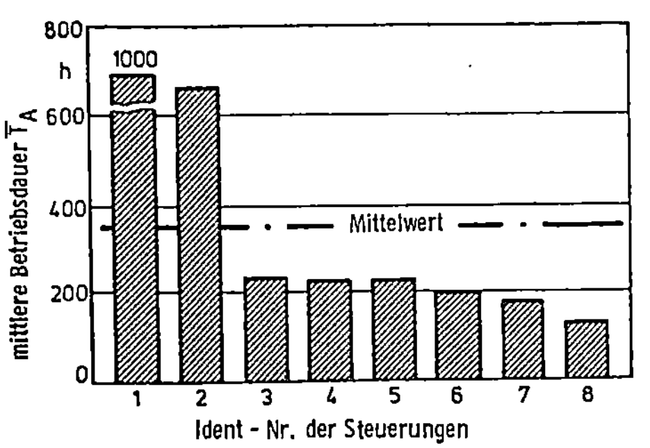

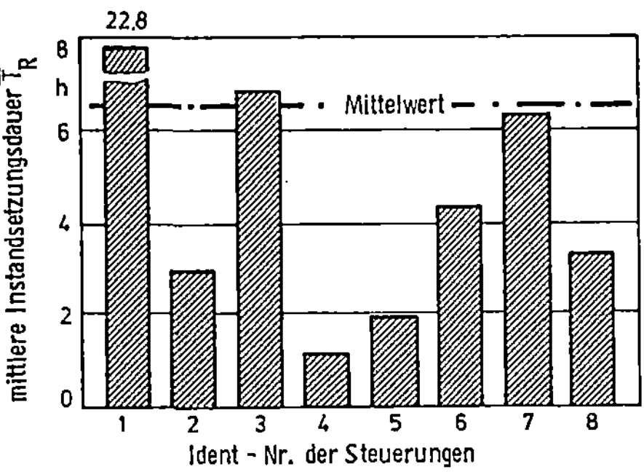

Bild 36a:
Durchschnittliche Betriebsdauern

Bild 36b:
Durchschnittliche
Instandsetzungsdauern

Beim Vergleich von Zuverlässigkeitsdaten ist zu beachten, ob
die Angaben vom Hersteller oder Anwender eines Erzeugnisses
stammen. Bei Störungen an Fertigungseinrichtungen und den damit ggf. verbundenen Haftungsverpflichtungen besteht zwischen
Hersteller und Anwender häufig eine unterschiedliche Betrach-
tungsweise insbesondere über Störungsursachen. Während der Anwender zunächst einen Fehler in der Fertigungseinrichtung als
Störungsursache angibt, verwendet ein Hersteller oft große
Mühe darauf, dem Anwender einen Bedienungsfehler nachzuweisen,
falls nicht infolge der Marktmacht des Anwenders oder durch
Kulanzregelung andere Vereinbarungen getroffen werden. Dem
unbeeinflußbaren Ermitteln von Stördaten ist also auch wegen
der zukünftig verstärkt zu erwartenden Verfügbarkeitsgarantien
beim Beschaffen von Fertigungseinrichtungen besondere Beachtung zu schenken.

Beim Übertragen von Zuverlässigkeitsdaten von fertigungstechnischen Einrichtungen ist anzugeben, unter welchen Voraussetzungen diese Werte zustande gekommen sind. Ansätze zu einer

vereinheitlichten Beurteilungsmöglichkeit des Störverhaltens
von NC-Werkzeugmaschinen z.B. nach VDI 3423 erleichtern die
Vergleichbarkeit solcher Daten. Trotz einer damit vergleichba-
ren Datenerfassung und -auswertung können sich durch Einflüsse der Instandhaltungsstrategie deutlich unterschiedliche Verläufe von Instandsetzungskennwerten ergeben. Bild 37 zeigt den

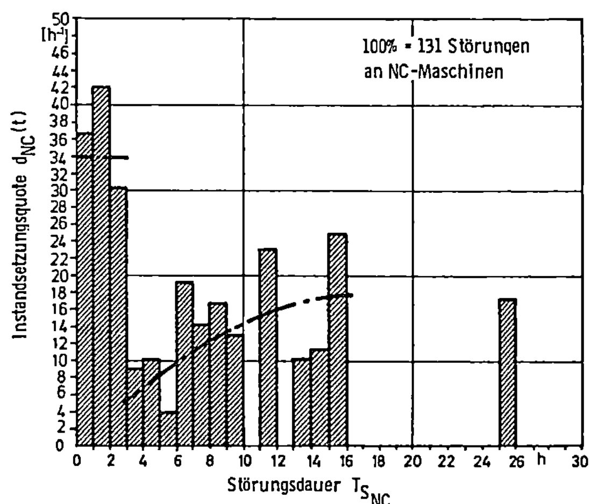

Bild 37 : Instandsetzungsquote von NC-Werkzeugmaschinen

Verlauf der Instandsetzungsquote von NC-Maschinen über der
Störungsdauer T_S, wie er über einen Zeitraum von zehn Monaten
in einer spanenden Fertigung ermittelt wurde. Die Daten stammen aus demselben Fertigungsbereich, in dem die in Bild 30
dargestellten Instandsetzungsquote für konventionelle Bearbeitungsmaschinen erfaßt wurde. Der Verlauf der Instandsetzungsquote bei diesen NC-Maschinen liegt bei kurzfristigen Störungen annähernd bei doppelten Werten im Vergleich zu den Werten
konventioneller Bearbeitungsmaschinen. Die Quoten sinken dann
schnell auf niedrigere Werte und steigen mit zunehmender
Störungsdauer tendenziell wieder an im Gegensatz zum im Bild
30 dargestellten Verlauf. Offensichtlich werden bei NC-Maschinen die Störungen im Rahmen einer anderen Instandhaltungsstrategie beseitigt.

Werden für neuartige Bauelemente und -gruppen Zuverlässigkeitsdaten benötigt, so kann man aus der letzten Phase der Versuchs-
reihen Daten erhalten, die das Zuverlässigkeitsverhalten unter

Laborbedingungen beschreiben. Diese Werte können mit einem Zuschlag, der die Feldbedingungen berücksichtigt, für die Verfügbarkeitsberechnung verwendet werden. Besonders die Berücksichtigung der Feldbedingungen ist bei der beginnenden Diskussion um Zuverlässigkeits- und Verfügbarkeitsgarantien für Werkzeugmaschinen zu beachten.

Insgesamt ist beim Ermitteln von Zuverlässigkeits- und Instandsetzungsdaten zu berücksichtigen, daß sie per se immer veraltet sind und ihre Aussagekraft durch den technischen Fortschritt ständig verwässert wird. Sobald die für die Ist-Zustandsbeschreibung notwendigen Daten in Form von Zuverlässigkeits- und Instandsetzungskennwerten vorliegen, läßt sich das Berechnen der Verfügbarkeit im Ist-Zustand durchführen. Dieser errechnete Verfügbarkeitswert ist die Basis für die Bewertung von verfügbarkeitserhöhenden Maßnahmen. Eine vollständige Bewertung der die genannten Kennwerte beeinflussenden Maßnahmen kann aber nur unter Berücksichtigung von Kostendaten erfolgen. Deshalb wird im folgenden die Kostenstruktur von Störungen am Beispiel einer mechanischen Fertigung untersucht.

Für fertigungstechnische Systeme gilt, daß ihre steigende Zuverlässigkeit ab einem Schwellwert überproportional steigende
Investitionskosten bewirkt. Ebenso gilt für reparierbare Systeme, daß ab einem Grenzwert eine Steigerung der Verfügbarkeit erhebliche laufende Kosten verursacht. Die Kosten, die
für das Erreichen eines Verfügbarkeitswertes aufgebracht werden müssen, setzen sich also aus verschiedenen Bestandteilen
zusammen, die im folgenden hergeleitet werden.

6.1   Verfügbarkeitskosten

Unter Verfügbarkeitskosten werden die Kosten verstanden, die
zum Erreichen einer vorgegebenen Verfügbarkeit aufgebracht
werden müssen. Sie können nach dem in __Bild 38__ aufgestellten

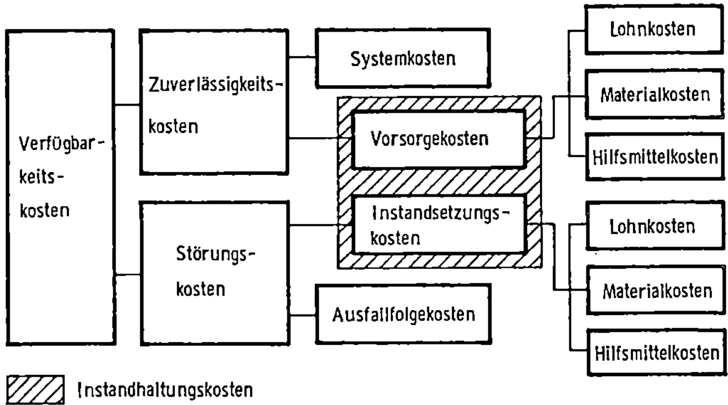

__Bild 38__ : Aufgliederung von Verfügbarkeitskosten

Schema aufgeteilt werden. Diese Verfügbarkeitskosten sind im
allgemeinen mit den in Fertigungsbetrieben vorhandenen Daten
nicht für einen einzelnen Verfügbarkeitswert einer Fertigungseinrichtung erfaßbar, sondern nur als Kostendifferenz zwischen
unterschiedlichen Verfügbarkeitswerten. Die ungenügende Erfas-
sungsmöglichkeit von Verfügbarkeitskosten ist durch die Tatsache begründet, daß die Kosten für das Erreichen einer bestimmten Zuverlässigkeit einer Fertigungseinrichtung nicht explizit ermittelt werden können.

6.1.1 Zuverlässigkeitskosten

Für eine vorhandene Fertigungseinrichtung sind die Zuverlässigkeits-Systemkosten implizit im gesamten Investitionskostenauf-
wand enthalten, da jeder Fertigungseinrichtung zunächst eine
inhärente Zuverlässigkeit innewohnt. Unter diesen Systemkosten
sollen im folgenden die Kosten verstanden werden, die für das
Erreichen einer vorgegebenen Betriebsdauerwahrscheinlichkeit
einmalig aufgebracht werden müssen. Sie sind in der Fertigungstechnik bisher nur als Zusatzkosten oder Differenzkosten erfaßbar. Erst wenn die Hersteller systematische Zuverlässigkeits-
sicherungsprogramme wie z.B. in der Luft- und Raumfahrt üblich
initiieren (z.B. nach DIN 4008, Blatt 1), läßt sich der Anteil
der Zuverlässigkeitskosten in Absolutwerten angeben. Solche
Kosten fallen aber auch dann an, wenn eine Fertigungseinrichtung zu höheren Kosten, aber auch mit höherer Zuverlässigkeit
beschafft wird als eine Vergleichsmaschine, wobei mit dem höheren Investitionsaufwand im allgemeinen nicht nur verbesserte
Zuverlässigkeit, sondern auch eine gesteigerte Leistungsfähigkeit z.B. als höhere Antriebsleistung erzielt wird.

Unter Vorsorgekosten sollen diejenigen Kosten zusammengefaßt
werden, die für vorsorgliche Maßnahmen wie geplante   Instandhaltung zum Erzielen einer höheren Betriebsdauerwahrscheinlichkeit aufgewendet werden müssen. Sie sind in den Betrieben im
allgemeinen vollständig erfaßbar. Durch Verändern des Zuverläs-
sigkeitskostenanteils an den Investitionskosten werden die
während des Betreibens einer Anlage anfallenden Störungskosten
beeinflußt.

6.1.2 Störungskosten

Störungskosten entstehen durch die Folgen technischer Störungen
und ihre Beseitigung. Die Kosten zum Beheben der Störung werden üblicherweise Instandsetzungskosten genannt und entstehen
durch Einsatz von Instandsetzungspersonal, Einbau von neuen bzw.
Reparatur von alten Teilen und Einsatz von Hilfsmitteln wie
Diagnose- und Inspektionsgeräten; sie sind zu ermitteln, z.B.
über Lohnkostenabrechnung des Instandhaltungspersonals, Mate-
rialentnahmescheine für ausgetauschte Baugruppen oder Rechnungen für externe Dienstleistungen.

Ausfallfolgekosten entstehen durch den Verlust an aktuell benötigter Fertigungskapazität, also nur dann, wenn der gerade zu fertigende Auftrag nicht auf eine andere Maschine gelegt werden kann oder wenn keine zeitliche Nutzungsreserve vorhanden ist. Sie sind letztlich ein Bußgeld für fehlende fertigungstechnische Redundanz. Nach Redeker /1.14/ sind Ausfallfolgekosten sämtliche Kosten, die als Folge ungeplanter Stillstände von Fertigungseinrichtungen entstehen. Die Möglichkeit der Kostenentstehung reicht von der Erlösminderung durch verspätete Auslieferung, Schadenersatz, Konventionalstrafen oder verspätete Zahlung des Kunden über Kosten für außerplanmäßige Überstunden, ggf. Fremdbezug der Erzeugnisse, Schaffung von Reservefertigungskapazität bis zum Erhöhen der Kapitalbindungskosten durch verzögerten Durchlauf der Teile durch die Fertigung. Darüber hinaus entstehen auch durch qualitative Leistungsminderung infolge von technischen Störungen Kosten, die in Form von Erlösminderung, Aufwand für Nacharbeit oder Herstellkosten für Ausschuß anfallen. Dabei ist nicht gesagt, daß die genannten Kosten in der Praxis auch explizit ermittelt werden können.

Auf der Grundlage vorhandener Daten kann das Produkt aus Störungsdauer und Maschinenstundensatz als Maß für die Ausfallfolgekosten herangezogen werden. Mit dieser Voraussetzung konnten die gesamten Instandsetzungs- und Ausfallfolgekosten eines Maschinenparks von 451 Einzelmaschinen für eine Getriebefertigung quantifiziert werden, in der innerhalb eines Jahres 2499 technische Störungen vom Instandhaltungspersonal registriert wurden. Es ergaben sich 14,1 % Materialkosten, 25,3 % Lohnkosten für Instandhaltungsarbeiten und 60,6 % Ausfallfolgekosten in Bezug auf die gesamten Störungskosten. Dieser hohe Anteil an Ausfallfolgekosten wird aber nur von 37,5 % aller Störungen verursacht, die insgesamt für 75,4 % aller Störungskosten verantwortlich sind (<u>Bild 39</u>). Werden die Kostenrelationen für Störungen mit und ohne Ausfallkosten entstehungsgerecht aufgeteilt, so ergeben sich für Störungen an Engpaßmaschinen mehr als fünfmal so hohe Kosten wie bei Fertigungseinrichtungen ohne Engpaßsituation (<u>Bild 40</u>).

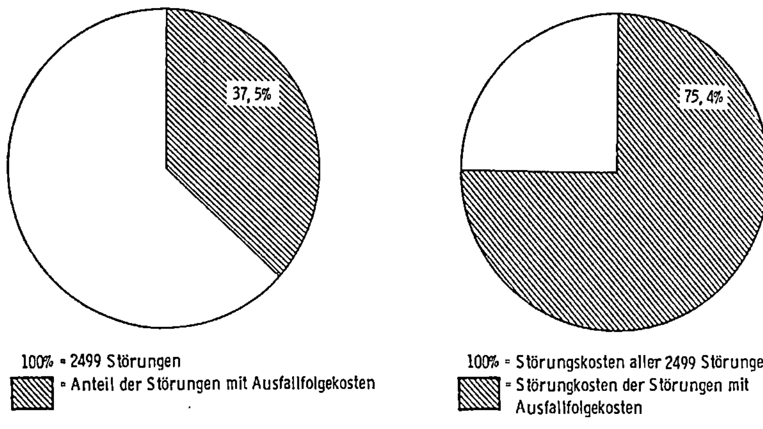

<u>Bild 39</u> : Anteil der Störungen mit Ausfallfolgekosten nach
Häufigkeit und Störungskosten

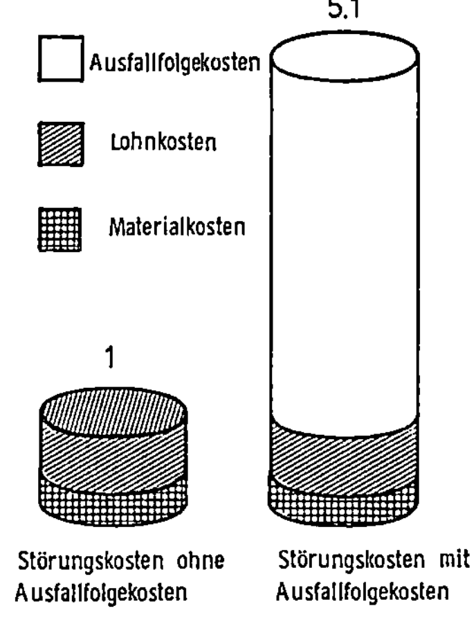

<u>Bild 40</u> : Störungskosten ohne und mit Ausfallfolgekosten

6.2 <u>Kostenanalyse von technischen Störungen an Fertigungseinrichtungen</u>

Im folgenden werden die in Kap. 6.1.2 genannten technischen Störungen von Fertigungseinrichtungen auf die entstandenen Störungskosten hin untersucht. Der dem Beispiel zugrundeliegende
Maschinenpark hat ein relativ hohes Alter im Vergleich zum Alter des durchschnittlichen Maschinenparks in der Bundesrepublik
im Jahre 1977. Damit ist der gesamte Instandhaltungsaufwand
tendenziell größer als im Durchschnitt zu erwarten. Weiterhin

sind die Nutzungsgrade der vielen Sondermaschinen niedrig
(zwischen 40 % und 50 %). Andererseits hatten einige Maschinen
einen Maschinenstundensatz von über 250.- DM/h, so daß die
Ausfallfolgekosten hoch wurden. Deshalb sind die hier ermittelten Durchschnittswerte der Kosten für korrektive Instandhaltung
und auch Reinigung und Wartung von 6.200.- DM je Maschine und
Jahr nicht als allgemeingültig anzusehen.

6.2.1   Kostenstruktur

Für jeden technisch bedingten Stillstand wurden die Störungskosten entsprechend dem Schema in Bild 38 ermittelt und zusätzlich nach unterschiedlichen Störungsursachen unterschieden. Die
Störungsursachen sind nach folgendem Code aufgeteilt

1   -   mechanisch
2   -   elektrisch
3   -   elektronisch
4   -   hydraulisch
5   -   pneumatisch
6   -   Reinigung, Wartung
7   -   ablaufbedingt
8   -   sonstiges
9   -   Bauteilwechsel.

Der Zurechnung und Aufteilung liegen die Eintragungen des Instandhaltungspersonals zugrunde. Bild 41a weist deutlich da-

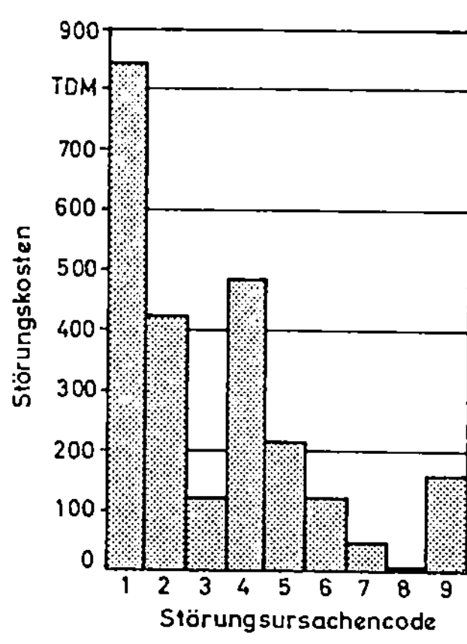

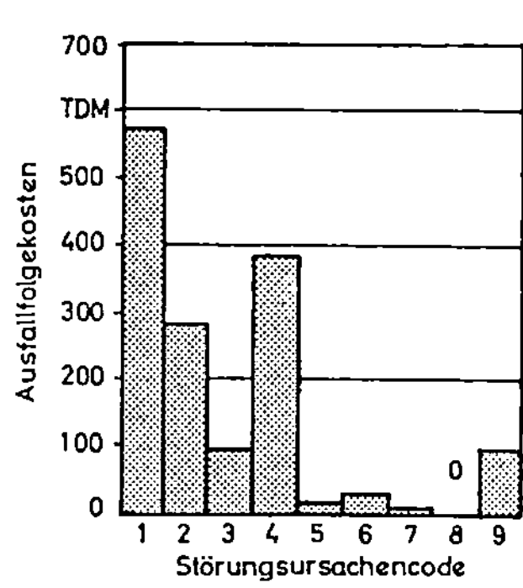

Bild 41a: Störungskosten   Bild 41b: Ausfallfolgekosten

raufhin, daß Störungen mit mechanischen, hydraulischen und elektrischen Ursachen in dieser Reihenfolge die meisten Kosten verursacht haben. Auch Störungen mit pneumatischer Ursache haben mehr Kosten verursacht als solche mit elektronischen Fehlern. Die Ausfallfolgekosten (<u>Bild 41b</u>) wurden ebenfalls im wesentlichen durch mechanische und hydraulische Ursachen ausgelöst. Das weist daraufhin, daß bei diesen Ausfallursachen die Einsatzmöglichkeiten von verfügbarkeitserhöhenden Maßnahmen systematisch überprüft werden müssen. Mechanische und elektrische Störungen sind neben Betriebsunterbrechungen für Reinigung und Wartung diejenigen Stillstände mit den höchsten gesamten Lohnkosten (<u>Bild 42 a</u>). Pneumatische Störungen weisen die höchsten Material-

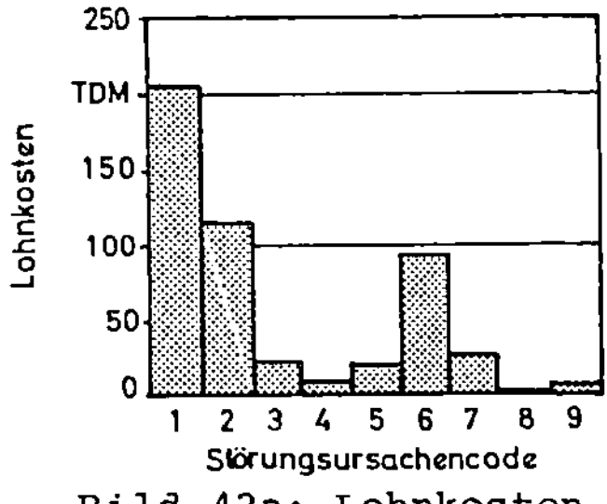

<u>Bild 42a</u>: Lohnkosten

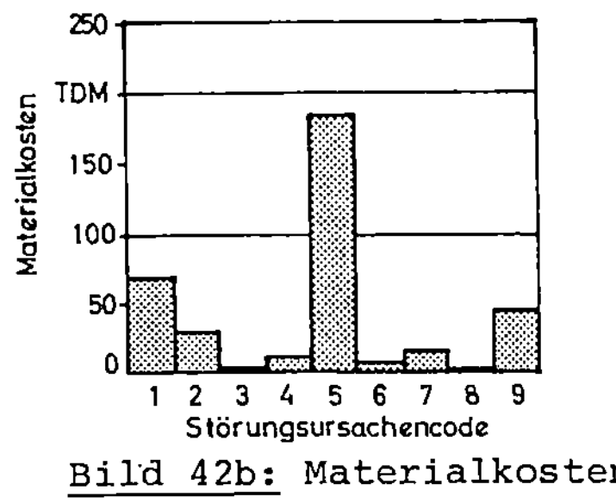

<u>Bild 42b</u>: Materialkosten

kosten auf, weil die entsprechenden Ersatzteile nicht im firmeneigenen Ersatzteillager vorrätig waren und als externe Materialkosten abgerechnet wurden (<u>Bild 42b</u>).

Mechanische Störungsbeseitigung erfordert im Mittel rund zehn Mannstunden, elektrische Störungen rund fünf Mannstunden. Daß die elektrischen Störungen insgesamt sehr lohnkostenintensiv sind, liegt weniger daran, daß diese Störungsursachen schwer zu finden sind, also eine lange Stillstandsdauer bewirken (<u>Bild 43 a</u>), sondern daran, daß sie am häufigsten auftreten (<u>Bild 43b</u>).

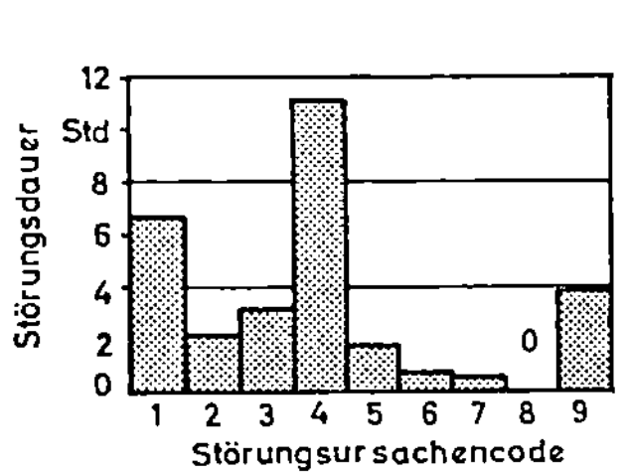

<u>Bild 43a</u>: Störungsdauer

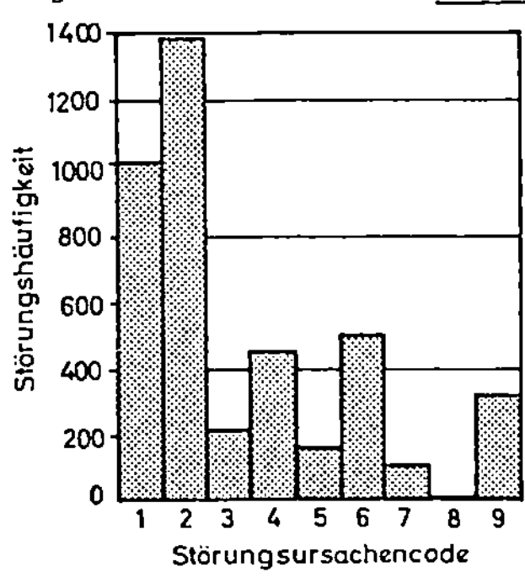

<u>Bild 43b</u>: Störungshäufigkeit

6.2.2   Durchschnittskosten je Störung

Im folgenden sind die vorgenannten Störungskosten als Durchschnittswerte je Störung aufgetragen. Aufgrund der hohen externen Materialkosten rangieren die pneumatischen Störungen an
erster Stelle der durchschnittlichen Gesamtkosten (Bild 44a).
Hydraulische Störungen sind ebenfalls sehr kostenintensiv, das
aber wegen der hohen engpaßbedingten Ausfallfolgekosten
(Bild 44 b). Bild 45 a zeigt, daß hydraulische

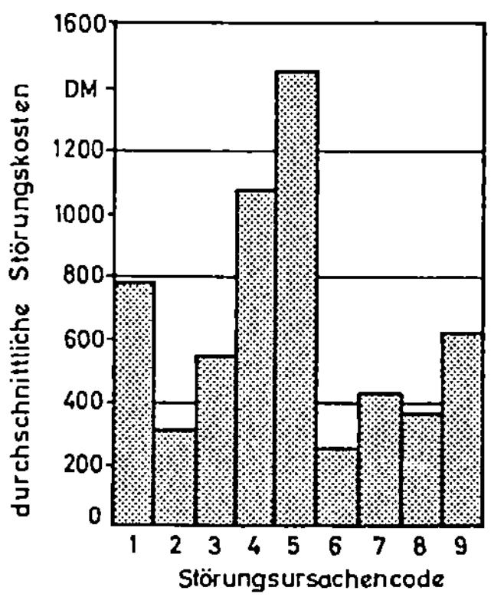

Bild 44a: Durchschnittliche
          Störungskosten

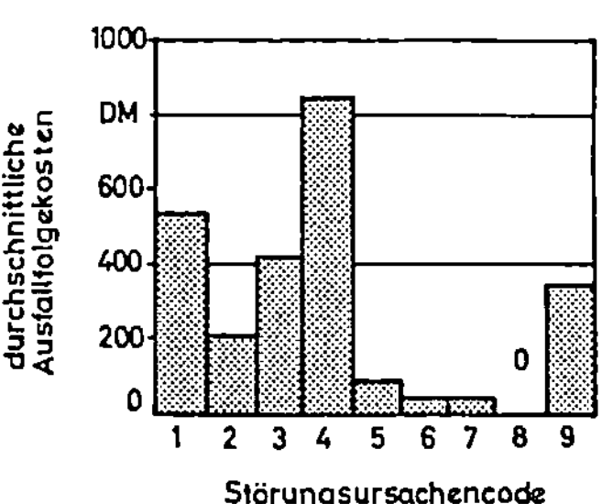

Bild 44b: Durchschnittliche
          Ausfallfolgekosten

Störungen die zweitlängsten Stillstandsdauern verursachen und im
Verbund mit ihrem häufigen Auftreten zu den höchsten durchschnittlichen Ausfallfolgekosten führen. Bild 45b zeigt die auf eine

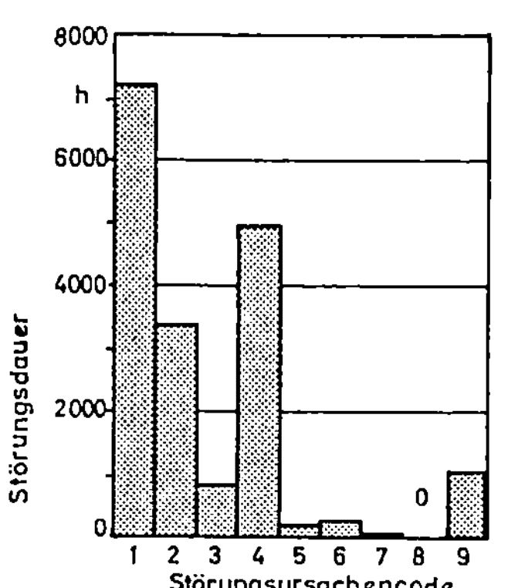

Bild 45a: Störungsdauer je
          Ursachencode

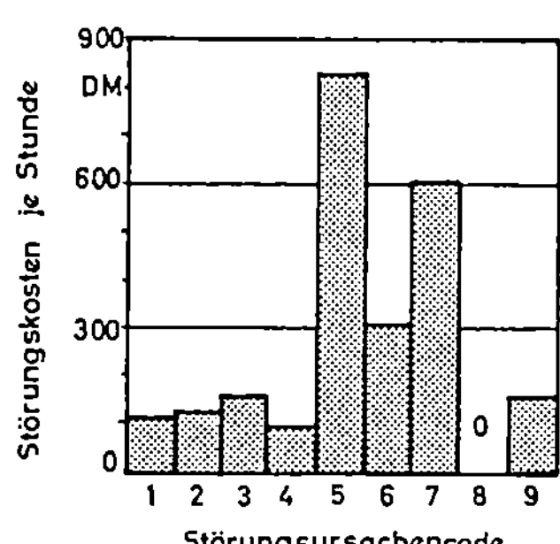

Bild 45b: Störungskosten
          je Stunde

Stunde bezogenen Gesamtkosten je Störungsursache. Wenn man davon ausgeht, daß die durchschnittlichen Lohnkosten unter "sonstiges" wegen des geringen Anteils an den Störungskosten (Bild
41 a) ohne Bedeutung sind und daß ablaufbedingte Störungen und

Aufwendungen für Reinigung und Wartung naturgemäß nur Lohnkosten verursachen (Bild 46a), sind die hydraulischen Störungen

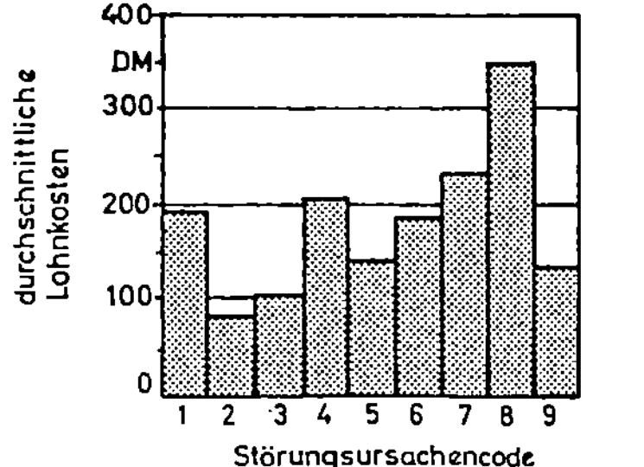

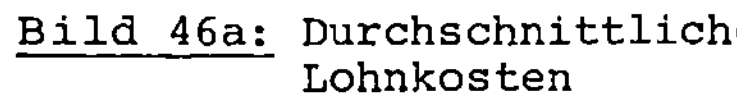

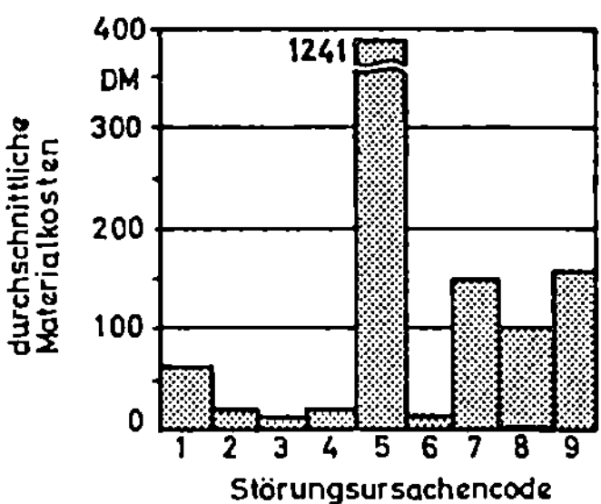

Bild 46a: Durchschnittliche Lohnkosten

Bild 46b: Durchschnittliche Materialkosten

am lohnkostenintensivsten unmittelbar vor den mechanischen Störungen. Weil diese beiden Störungsursachen auch die meisten Ausfallfolgekosten verursachen, wird hier offensichtlich mit dem größten Personaleinsatz gearbeitet, zumal diese Störungen die größten Stillstandsdauern verursachen (Bild 45a). Bild 46b zeigt anschließend den durchschnittlichen externen Materialeinsatz je Störungsfall. Die im allgemeinen niedrigen Materialkosten weisen daraufhin, daß entweder nur die defekten Bauteile repariert wurden bzw. daß die auszutauschenden Bauteile im firmeneigenen Ersatzteillager vorhanden waren. Bild 47 zeigt zusammenfassend die Kostenstruktur der

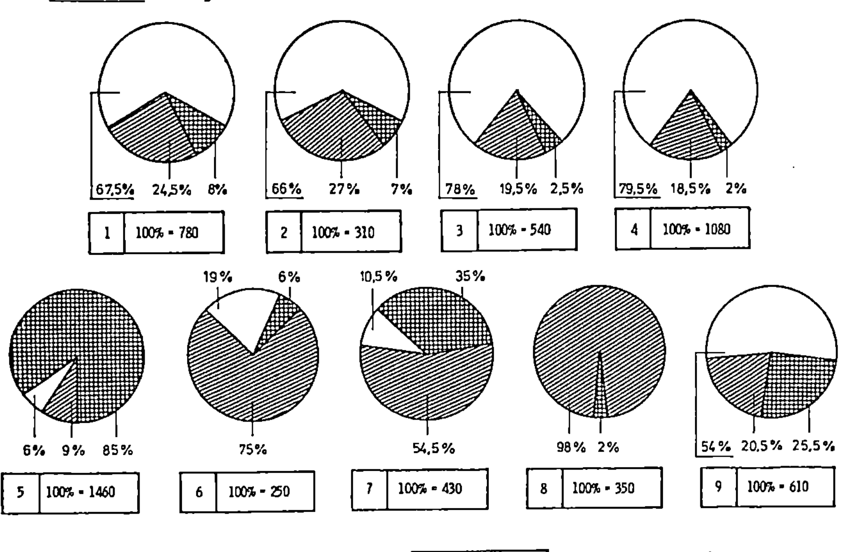

Bild 47 : Kostenstruktur der einzelnen Störungsarten

einzelnen Störungsarten. Im einzelnen wird dabei insbesondere
der Anteil der Ausfallfolgekosten deutlich.

Verallgemeinernd läßt sich sagen, daß im untersuchten Maschinenpark mit im wesentlichen unverketteten Einzelmaschinen die
Ausfallfolgekosten die wesentlichen Störungskosten darstellen
und daß weiterhin die Lohnkosten den ausschlaggebenden Anteil
an den Instandsetzungskosten repräsentieren (Bild 48). Bild 49

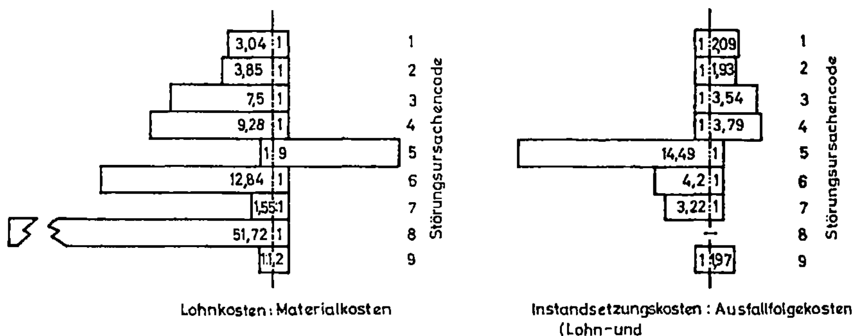

Bild 48 : Kostenverhältnis einzelner Störungskostenanteile

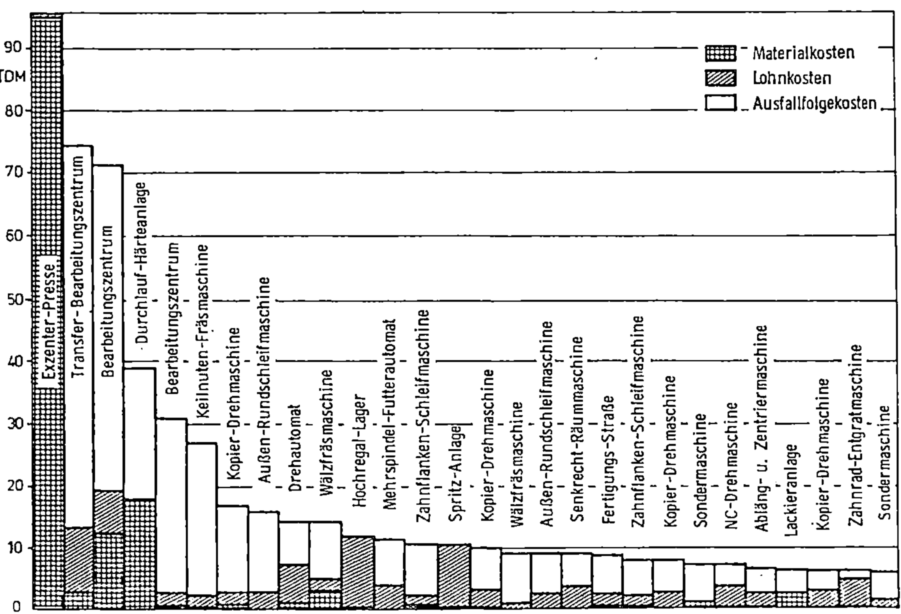

Bild 49: Störungskostenanteile bei störungskostenintensiven
Fertigungseinrichtungen

zeigt die Kostenstruktur der gesamten Störungskosten, gegliedert nach den 28 störungskostenintensivsten Fertigungseinrichtungen. Die störungsdauerabhängigen Lohn- und Ausfallfolgekosten bieten demnach bis auf die Ausnahme der Exzenterpresse das entscheidende Reservoir zum Decken der für verfügbarkeitsverbessernde Maßnahmen anfallenden Zusatzkosten. Die entstehenden Störungskosten sind möglichen Investitionen in Form von Zuverlässigkeitskosten (System- und Vorsorgekosten) gegenüberzustellen. Der wirksamste Mitteleinsatz muß über eine Optimierungsrechnung ermittelt werden.

6.3 Herstellkostenoptimale Verfügbarkeit

In der üblichen Maschinenstundensatzrechnung werden die Kosten für Abschreibung, Zinsen, Raum, Energie und Instandhaltung je Rechnungsperiode durch die Nutzungszeit innerhalb dieser Periode dividiert. Der Maschinenstundensatz wird bei sonst gleichen Kosten dann am niedrigsten, wenn die Instandhaltungskosten minimal werden und die zeitliche Maschinennutzung maximal ist. Eine hohe Nutzungsmöglichkeit durch Verringern der Häufigkeit und Dauer technischer Störungen läßt sich erfahrungsgemäß nur durch erhöhte Kosten für präventive und korrektive Instandhaltung erreichen. Durch den Versuch einer Minimierung von sowohl Ausfallfolgekosten als auch Instandhaltungskosten entsteht ein Optimierungsproblem. Durch seine Lösung kann sich für eine Fertigungseinrichtung bei gegebener Zuverlässigkeit und damit fixen Systemkosten eine kostenminimale Verfügbarkeit ergeben. Beim Beschaffen neuer Fertigungseinrichtungen sind aber die Zuverlässigkeits-Systemkosten nicht explizit bekannt und stellen damit eine weitere Variable im genannten Optimierungsproblem dar.

Die für Beschaffen und Betreiben einer Fertigungseinrichtung im Laufe der Nutzungszeit entstehende Kostensumme ist in Bild 50 a prinzipiell veranschaulicht. Die Steigung der unteren Geraden gibt die bei gleichbleibendem zeitlichen Nutzungsgrad anfallenden Energiekosten für das Betreiben der Fertigungseinrichtung an. Der senkrechte Abstand dieser Geraden zur oberen Geraden repräsentiert die Summe der Störungs- und Vorsorgekosten, die bei gegebener Zuverlässigkeit einer Fertigungsein-

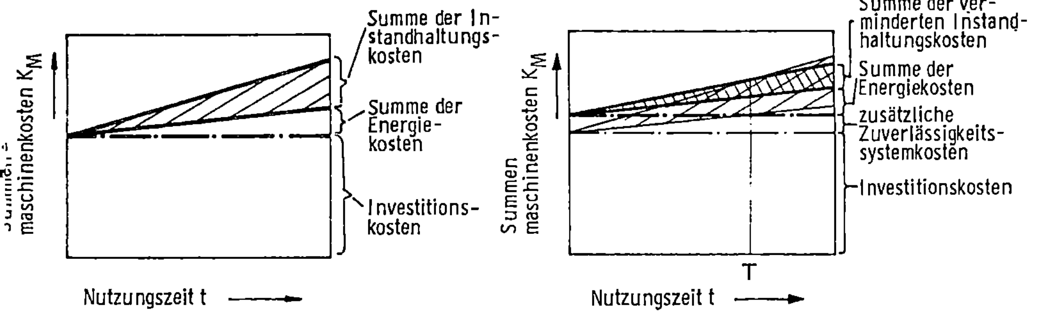

Bild 50a: Kostensumme einer Fertigungseinrichtung

Bild 50b: Veränderung der Kostensumme von Fertigungseinrichtungen

richtung nach den obigen Überlegungen optimiert werden können.
Wird nun eine Fertigungseinrichtung mit gleicher Leistungsfähigkeit, aber vergleichsweise höherer Zuverlässigkeit beschafft,
so entstehen zusätzliche Zuverlässigkeits-Systemkosten; der
Kostenverlauf ändert sich dann entsprechend der Darstellung in
Bild 50b, sofern man annimmt, daß je Periode gleich hohe Energiekosten anfallen und sich die Summe der Störungs- und Vorsorgekosten vermindert. Ab einem Zeitpunkt T ist dann die Kostensumme der Fertigungseinrichtung mit höheren Systemkosten
niedriger. Zusätzlich läßt sich ein wirtschaftlicher Vorteil
erreichen, wenn die entsprechend dem Verfügbarkeitszuwachs
mehr gefertigten Erzeugnisse zügig am Markt abgesetzt werden
können.

Das Durchführen solcher langfristig angelegten Berechnungen
einer absolut kostenminimalen Verfügbarkeit ist aber im allgemeinen wegen des Mangels an erforderlichen Daten eingeschränkt.
Insbesondere ist der durch zusätzliche Zuverlässigkeits-Systemkosten erzielbare Zuverlässigkeitszuwachs bei der Beschaffung neuer Fertigungseinrichtungen nur schwer abzuschätzen. So
ist gerade die Auswirkung technisch-konstruktiver Maßnahmen
wie z.B. das Beschichten von Gleitführungsbahnen an Werkzeugmaschinen mit Polytetrafluoräthylen derzeit durch Zuverlässigkeitskennwerte noch nicht quantitativ zu beschreiben. Mit verbes-
serten Möglichkeiten zur automatisierten Erfassung, Auswertung
und Dokumentation von Stördaten werden aber solche Überlegungen
für die industrielle Praxis an Bedeutung gewinnen. So wurde
z.B. von einem PKW-Hersteller bekannt, daß eine hochautomatisierte
Montagestraße für Motoren mit einem automatischen Monitor-
System ausgerüstet wird. Dieses System soll eine Verbesserung
der kurzfristigen Störungserkennung ermöglichen. Darüber hinaus
soll die Langzeitdokumentation der Stördaten eine Zuverlässig-
keitsbewertung der von verschiedenen Herstellern gelieferten
Teilsysteme der Montagestraße ermöglichen.

7.1   Notwendige Informationen und Arbeitsschritte

Die in den vorangegangenen Kapiteln erarbeiteten Grundlagen
und bewerteten Methoden können zu einer systematischen Vorgehensweise zusammengefaßt werden. Bild 51 zeigt die Folge der
Arbeitsschritte mit den jeweils erforderlichen Planungsunter-
lagen sowie den entsprechenden Ergebnissen.

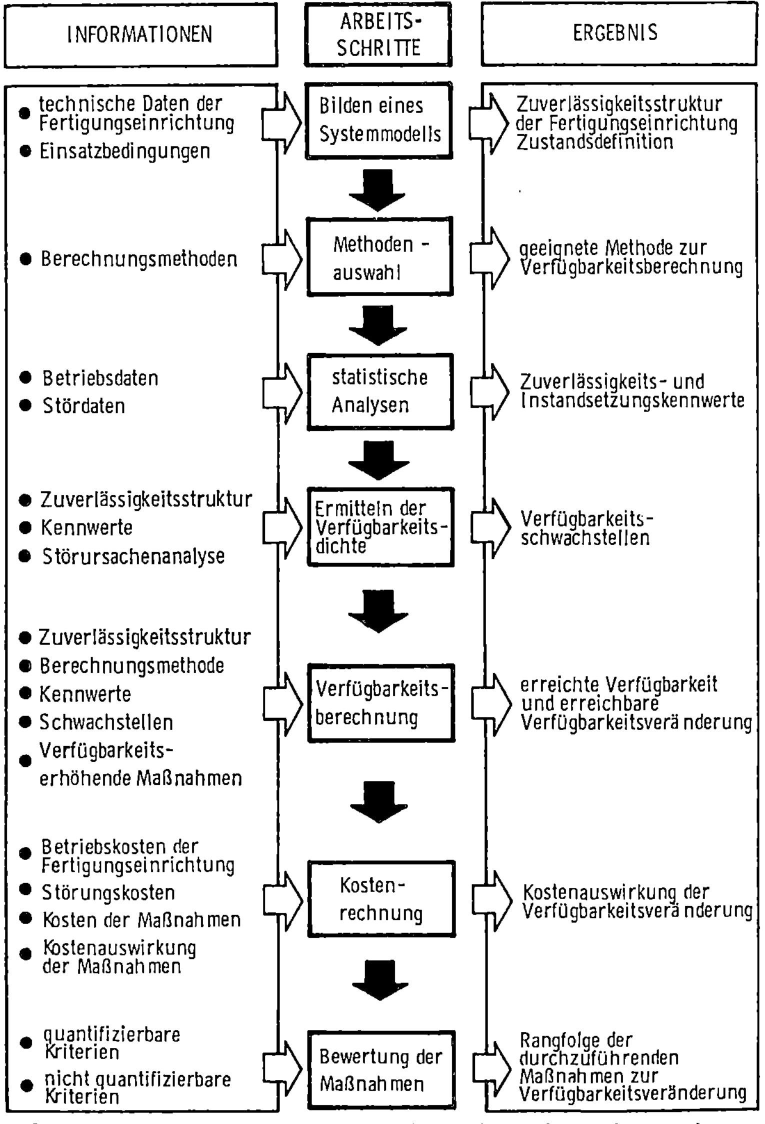

Bild 51 : Arbeitsschritte für Verfügbarkeitsberechnung komplexer Fertigungssysteme

Aus der technisch-konstruktiven Beschreibung der Fertigungseinrichtung und ihrer Einsatzbedingungen ist zunächst eine modell-
hafte schematisierte Zuverlässigkeitsstruktur über eine Definition der zu betrachtenden Hierarchiestufen, der Struktureinheiten und ihres Zusammenwirkens zu erstellen. Gleichzeitig
muß in diesem ersten Arbeitsschritt eine Abgrenzung der zuver-
lässigkeitssignifikanten Zustände der Struktureinheiten erfolgen (Kap. 2). Das Bilden der Zuverlässigkeits-Systemstruktur
kann dabei durch vorhandene Betriebs- und Stördaten beeinflußt
werden. Für eine mögliche Verbesserung der Zuverlässigkeits-
und Instandsetzungskennwerte der definierten Struktureinheiten
steht eine Reihe von in Kap. 3 prinzipiell aufgeführter Maßnahmen zur Verfügung.

Auf der Grundlage der sich abzeichnenden Systemstruktur ist das
zur Zuverlässigkeits- und Verfügbarkeitsberechnung einzusetzen-
de Verfahren mit Hilfe der in Kap. 4 aufgeführten und gewich-
teten Bewertungsmaßstäbe auszuwählen. Dabei können sich mehrere
Verfahren als geeignet herausstellen und dann eingesetzt werden, wenn die mögliche Streubreite der Aussagegenauigkeit der
zu ermittelnden Werte bestimmt werden soll.

Im dritten Schritt wird das verfügbarkeitsrelevante Verhalten
der Struktureinheiten über statistische Analysen vorhandener
Daten oder über geschätzte Werte (Kap. 5) mit Hilfe der in Kap.
2 definierten Zuverlässigkeits- und Instandsetzungskennwerte
quantifiziert beschrieben.

Nach Auswerten der Daten kann im vierten Schritt die Verfügbarkeitsdichte gemäß den Angaben in Kap. 2 errechnet und für das
Erzeugen einer Rangfolge der betrachteten Struktureinheiten
genutzt werden, so daß die Verfügbarkeitsschwachstellen in der
Zuverlässigkeitsstruktur erkennbar werden.

Im fünften Arbeitsschritt erfolgt das Berechnen der vorhandenen und der durch bestimmte Maßnahmen erreichbaren Verfügbar-
keitsveränderung. Die Ergebnisse der ersten vier Arbeitsschritte müssen als Eingangsinformationen vorliegen. Gleichzeitig ist nach den in Kap. 3 dargelegten Überlegungen ein Ka-
talog von verfügbarkeitserhöhenden Maßnahmen für die Verfüg-

barkeitsschwachstellen anzugeben. Nachdem dann die dadurch mögliche Veränderung der entsprechenden Zuverlässigkeits- und Instandsetzungskennwerte abgeschätzt ist, kann die erreichbare Verfügbarkeitsverbesserung errechnet und deren Aussagegenauigkeit bewertet werden. Für den sechsten Schritt der Bewertung der verfügbarkeitserhöhenden Maßnahmen über die zu erwartende Kostenwirksamkeit sind Daten über Betriebs- und Störungskosten erforderlich, wie in Kap. 6 an einem Beispiel dargestellt wurde. Darüber hinaus sind die Kosten für das Durchführen der verfügbarkeitserhöhenden Maßnahmen und die dadurch erzielbaren Kosteneinsparungen abzuschätzen.

Die Kostenauswirkung der vorgeschlagenen Maßnahmen muß im letzten Schritt mit anderen quantifizierbaren und nicht-quantifizierbaren Bewertungsmaßstäben zu einer Rangfolge der Verfügbarkeitsmaßnahmen führen. Damit liegt eine quantifizierte Entscheidungsinformation über mögliche Veränderungen des stochastischen Verhaltens einer Fertigungseinrichtung und der langfristig zu erwartenden Auswirkungen vor.

7.2   Einsatzgrenzen

Die dargestellte Vorgehensweise zur Verfügbarkeitsberechnung hat im praktischen Einsatzfall in Abhängigkeit von den jeweils vorliegenden Randbedingungen bestimmte Einschränkungen. So liegen im allgemeinen bei bestehenden Anlagen häufig Daten über Störungen in Form von Stördauern, -häufigkeiten und -ursachen vor. Die für das Ermitteln der technischen Verfügbarkeit benötigten Betriebsdauern werden dagegen entweder nicht oder nicht getrennt von Betriebsunterbrechungen für geplanten Stillstand wie Umrüsten, keine Produktion oder Abwesenheit von Mitarbeitern erfaßt. Bei neugeplanten Fertigungseinrichtungen sind Betriebs- und Stördaten gleichermaßen unbekannt, so daß man sich mit Schätzwerten (siehe Kap. 5.2.2) begnügen muß. Ebensowenig sind im allgemeinen auch die Daten bekannt, mit denen sich die Wirkung verfügbarkeitserhöhender Maßnahmen beschreiben läßt. Hier ist man grundsätzlich auf Schätzungen angewiesen, sofern man nicht umfangreiche Vorversuche durchführt. Auch beim Ermitteln der Kosten und Kostenauswirkungen von verfügbarkeitserhöhenden Maßnahmen ist man in der Regel auf Expertenschätzungen angewiesen, da solche Rechnungen im allgemeinen in der Phase der Grobplanung von Fertigungseinrichtungen oder der Planung von Verbesserungen an bestehenden Einrichtungen durchgeführt werden. Zudem kann man wegen des großen Aufwandes für die Datenerfassung die Ausfallfolgekosten bei der Abschätzung der Kostenauswirkungen nicht berücksichtigen.

Das Problem der Daten stellt also ein einschneidendes Hemmnis, insbesondere bei neu zu planenden Fertigungseinrichtungen dar. Darüber hinaus ist das Durchführen der Berechnungen an methodische Hilfsmittel gebunden, die in den Planungsabteilungen der Industrie derzeit nur selten vorhanden sind. Trotzdem ist gerade bei neuartigen hochautomatisierten Fertigungssystemen mit hoher zeitlicher Nutzung eine quantifizierte Abschätzung des zu erwartenden stochastischen Verhaltens sinnvoll und notwendig, da durch ungewollten Anlagenstillstand erhebliche Kosten entstehen können (siehe Kap. 6). Diese Kosten können durch Einplanen von verfügbarkeitssichernden Maßnahmen bis zu einem Minimum verringert werden. Bei konsequenter Nutzung neuer Möglichkeiten zum Erfassen von Betriebs- und Stördaten läßt sich ein Datenbestand erzeugen, der für den Einsatz der genannten Berechnungsmethoden nutzbar sein kann. Dabei ist nicht so sehr der Absolutwert der erreichbaren Verfügbarkeit von Bedeutung, sondern die durch ausgewählte Maßnahmen erreichbare Veränderung dieses Wertes. Die möglichen Veränderungen können dabei mit Hilfe der Rechenmodelle durchgespielt werden; diese Ergebnisse können dann einen erheblichen Einfluß auf die Gestaltung hochautomatisierter Fertigungssysteme erhalten.

Die dargestellte Vorgehensweise wird im folgenden Abschnitt am Beispiel einer hochautomatisierten Fertigungslinie verdeutlicht. Dabei wird der Arbeitsschritt der Methodenauswahl von vornherein übersprungen, da durch gleichzeitigen Einsatz aller drei Methoden die Aussagefähigkeit der einzelnen Berechnungsmethoden vergleichend gegenübergestellt werden soll.

8.1   Ist-Zustand

8.1.1   Fertigungsablauf

Ein Automobilhersteller hatte für die Produktion von Pkw-Sei-
tentüren eine Punktschweiß-Transferstraße mit 14 Stationen in-
stalliert, in der die Außen- und die Innenseite der Türen in
getrennten Zweigen"vorgepunktet"werden, in einer Zwischensta-
tion ineinandergelegt und dann in einem starr verketteten Anlagenteil geheftet, punktgeschweißt, gebördelt und verklebt
werden. Die Anordnung der 14 Stationen und der zwischengeschal-
teten Verkettungseinrichtungen ist in **Bild 52** schematisch dar-

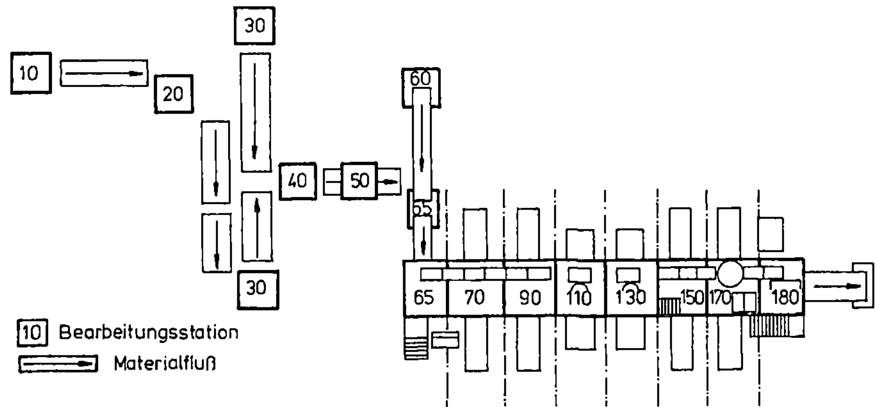

Bild 52 : Anordnung der Teilsysteme einer Vielpunkt-Schweiß-
           anlage

stellt. Die Numerierung der Stationen wurde vom Anlagenbetreiber übernommen. Die einzelnen Arbeitsschritte sind dabei fol-
gendermaßen auf die einzelnen Stationen aufgeteilt:

Station 1o: Verstärkungen und Kleinteile in Innentür schweißen

Station 2o: Halterung und Schloßplatte in Innentür schweißen

Station 3o: Türscharnier und Verstärkung in Innentür schweißen

Station 4o: Halterung für Fenster und Kurbeltrieb einschweißen

Station 5o: Seitenverstärkung für US-Version einschweißen

Station 6o: U-Profil für Fenster in Außentür schweißen

Station 65: Innen- und Außentür zusammenlegen, Übergabe an Hubbalken

Station 7o: Punktschweißung an Außenkontur

Station 9o: Vorbördeln der Türecken
Station 11o: Außenkanten auf 90° bördeln
Station 13o: Außenkanten auf 180° bördeln
Station 15o: Bördelflansch schweißen
Station 17o: Aushärten des eingespritzten Klebers
Station 19o: Entfernen der Klebereste, Übergabe an Auslaufband

Auf der Transferstraße werden vier Türvarianten mit 9o Schweißpunkten in Losgrößen von etwa 4ooo Stück mit einer mittleren
Durchlaufzeit von 5,4 min und einer mittleren Taktzeit von 23 s
gefertigt. Im ersten Jahr nach Inbetriebnahme war die technische Verfügbarkeit V mit V = 84,6 % unbefriedigend niedrig.
Mit Hilfe der im vorhergehenden Kapitel dargestellten Vorgehensweise wurde die Auswirkung verfügbarkeitserhöhender Maßnahmen rechnerisch ermittelt und ihr Einfluß auf die Ferti-
gungskosten quantifiziert.

8.1.2   Struktur der Anlage

Die Transferstraße kann nach den in Kap. 2.1.2 dargelegten
Überlegungen in zuverlässigkeitsbestimmende Einheiten aufgeteilt werden. Diese Struktureinheiten entsprechen dabei den in
Bild 52 dargestellten Stationen, die Stationen 20 bis 65 werden
jeweils mit den ihnen vorgeschalteten Verkettungseinrichtungen
zu einer Betrachtungseinheit zusammengefaßt. Die Stationen 65
bis 180 sind über eine Fördereinrichtung starr verkettet. Diese
Balkenfördereinrichtung wird als Teilsystem 190 definiert. Die
Stördaten wurden dabei für die Teilsysteme 10 bis 190 stationen-
spezifisch erfaßt. Da sich aber die Störungsursachen bei einer
Anzahl von Störungen nicht einer einzelnen Station, sondern nur
einer Gruppe von Stationen zuordnen ließen, wurden zusätzlich
Bereiche der Transferstraße als Struktureinheiten 220 und
240, die Gesamtanlage als Einheit 200 definiert. Die so defi-
nierte Struktur der Anlage ist in Bild 53 dargestellt. Obwohl

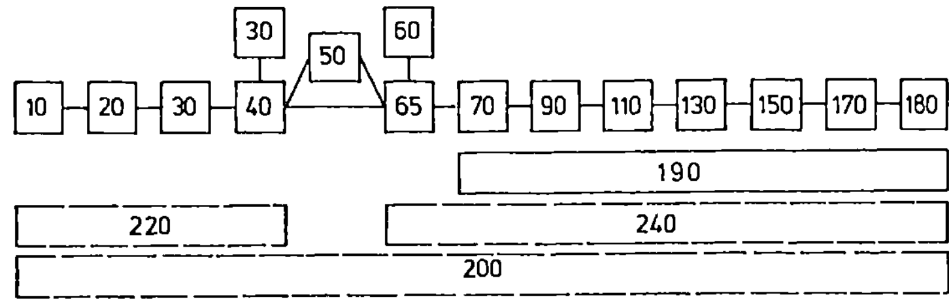

<u>Bild 53</u> : Struktur der Anlage

die zusätzlich definierten Struktureinheiten 190 bis 240
als hierarchisch den Bearbeitungsstationen übergeordnet angesehen werden können, bleiben sie im Sinne der folgenden Betrachtung gleichrangig, weil unabhängig von der Angabe des
Störungsortes eine Störung an den Struktureinheiten 190 bis
240 ebenfalls zum unmittelbaren Stillstand der Gesamtanlage
führt.

Bei den Struktureinheiten 10 bis 65 können kleine Zeitverzögerungen vom Eintritt einer Störung bis zum Anlagenstillstand
auftreten, da sie über Kettenförderer materialflußtechnisch
lose verkettet sind; die Kettenbänder können maximal drei Türen zwischenspeichern, so daß bei einer Taktzeit von 23 s
im Störungsfall eine Pufferzeit von max. 1 min entsteht. Da
aber die kleinste bei der Datenerfassung dokumentierte Zeiteinheit gerade 1 min betrug, wurde dieser Anlagenteil ebenfalls
als starr verkettet betrachtet.

Da also alle Stationen der Anlage einschließlich der zusätzlich definierten Struktureinheiten 190 bis 240 bei einer Störung zum Anlagenstillstand führen, kann die Anlage im Zuver-
lässigkeits-Blockschaubild als Serienstruktur dargestellt werden (<u>Bild 54</u>).

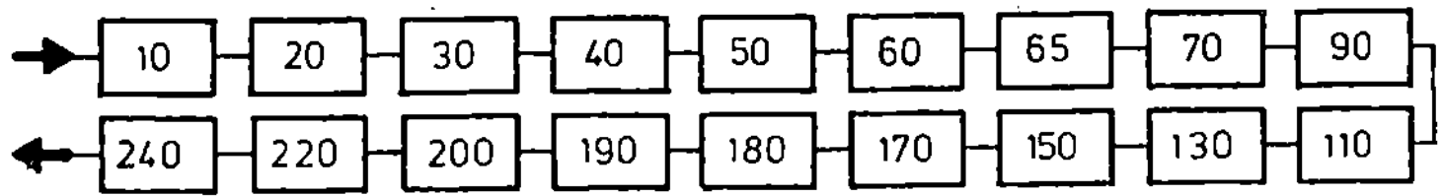

<u>Bild 54</u> : Zuverlässigkeits-Blockschaubild der Anlage

8.1.3   Zustandsdefinition der Struktureinheiten

Die Zustände der Gesamtanlage, die das geplante Fertigungsergebnis hinsichtlich Menge und Qualität verringern, sind

- technische Störungen und
- das Fertigen von Türen mangelhafter Qualität, z.B. durch
  nicht-haftende Schweißpunkte oder konkave Eindrücke der
  Schweißlinse in der Außenhaut.

Das Auftreten dieser Zustände wird als Ereignis "Störung" definiert. Wenn die Fertigung vorschriftsmäßig abläuft ist die
Anlage wieder im Zustand "intakt". Andere Zustände, die durch
organisatorische Einflüsse hervorgerufen werden, sind für die
folgende Betrachtung ohne Belang und werden nicht definiert.
Jede der 18 Struktureinheiten der Anlage kann also zwei Elementarzustände annehmen. Demnach sind für die Gesamtanlage
2^{18} = 262144 Zustände bzw. Ereignisse als Kombination von 18
Elementarereignissen erreichbar. Dabei gibt es einen Zustand
 "Gesamtlage intakt" und $2^{18}-1$ = 262143 Zustände "Störung
in der Anlage" . Von diesen 262143 Zuständen gibt es aufgrund
der Serienstruktur nur 18 Zustände mit jeweils einem Elementar-
zustand "Einheit gestört" und 17 Elementarzuständen "Einheit
intakt" . Für die Zuverlässigkeitstheoretische Zustandsbeschreibung sind also je 2 Elementarzustände der 18 Einheiten und
19 Zustände der Gesamtanlage erforderlich. Die Wahrscheinlichkeiten, mit denen diese Zustände auftreten, können über die in
Kap. 2.2 dargelegten Zuverlässigkeits- und Instandsetzungskennwerte quantifiziert werden. Die in Bild 51 als zweiter Arbeitsschritt aufgeführte Methodenauswahl entfällt, da alle drei Methoden vergleichend vorgestellt werden.

8.2   Ermitteln der Kennwerte

8.2.1   Datenerfassung

In lückenloser Folge wurden die Dauern der Zustände, also die
Betriebs- und die Störungsdauern der 18 Einheiten, durch Handaufschrieb in Formularblättern über einen Zeitraum von einem
Jahr dokumentiert. Die Störungen wurden über einen zweistelli-
gen Zifferncode nach Störungsart und -ursache manuell ver-
schlüsselt. Organisatorische und geplante Anlagenstillstände
wurden ebenfalls dokumentiert, aber bei der Auswertung nicht
berücksichtigt. Durch das Verschlüsseln der Störungen erhält

man aus dem vorliegenden Code gleichzeitig Informationen über
das Störverhalten von Betrachtungseinheiten auf den der "Station" nachgeordneten Hierarchiestufen des Systems wie Bauelementen oder -gruppen.

Selbstmeldende Störungen an einzelnen Stationen werden entweder vom Bedienungspersonal direkt z.B. als Verklemmen einer
Tür erkannt. Nicht-selbstmeldende Störungen können teilweise
über eine Störungsanzeige am Bedienungspult lokalisiert werden,
wohingegen Störungen, die zu fehlerhaften Teilen führen, erst
mit Zeitverzögerung vom Inspektionspersonal am Systemausgang
erkannt werden können. Durch Trennung der Verantwortungsberei-
che für technische und organisatorische Störungen wurde ein
Eigeninteresse der betroffenen Abteilungen an der Datendokumen-
tation erzeugt.

8.2.2 Statistische Analyse der Betriebs- und Instand-
setzungsdauern

8.2.2.1 Ermitteln der Betriebs- und Instandsetzungsdauern

Die Störungsdauer T_R war als Zeitdifferenz zwischen Störungserkennung und Ende einer Instandsetzung einfach zu ermitteln, hingegen mußten die Betriebsdauern T_A als Zeitdifferenz von In-
standsetzungsende und Eintritt der nächsten Störung abzüglich
der

- Zeit T_p für geplanten Stillstand,
- Stillstandsdauer T_S infolge von Störungen an anderen
  Stationen und
- Zeitdauer T_O von organisatorischen Störungen

errechnet werden. <u>Bild 55</u> zeigt in schematischer Weise die Folge
der unterschiedlichen sich gegenseitig beeinflussenden Zeitab-
schnitte für eine verkürzte Serienstruktur mit vier Struktureinheiten. Die Betriebsdauer T_{Ai} vor der i-ten Störung einer
Station ergibt sich dann aus der Summe der j Betriebsdaueran-
teile T_{Aij}, wenn zwischen der Betriebsdauer T_{Ai} und T_{Ai+1}
j-1 technische oder organisatorische Störungen an anderen Stationen aufgetreten sind:

$$T_{A_i} = \sum_{j=1}^{n+1} T_{A_{ij}} \qquad n= \text{Anzahl der beobachteten Störungen} \qquad (8.1)$$

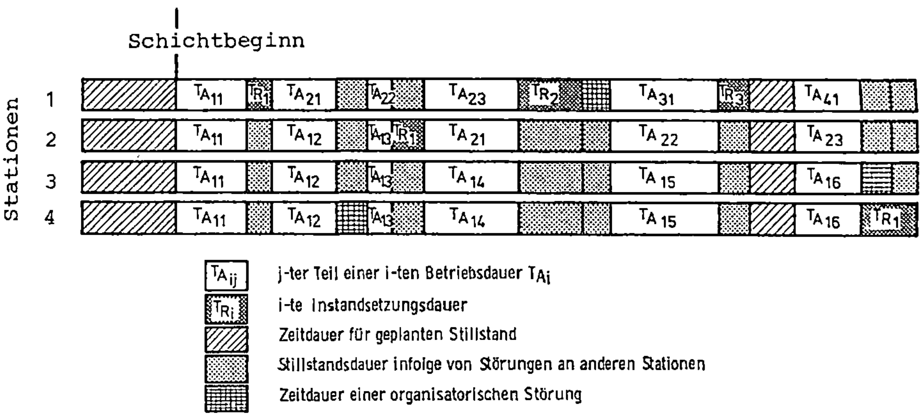

Bild 55 : Schema der Zeitfolge einer Serienstruktur mit vier
Einheiten

Für die in Bild 55 dargestellte Zeitfolge ergeben sich also
die Betriebs- und Instandsetzungsdauern am Beispiel der im
obersten Balken dargestellten Station 1 entsprechend der in
Bild 56 skizzierten Aufteilung.Auf diese Weise wurden für

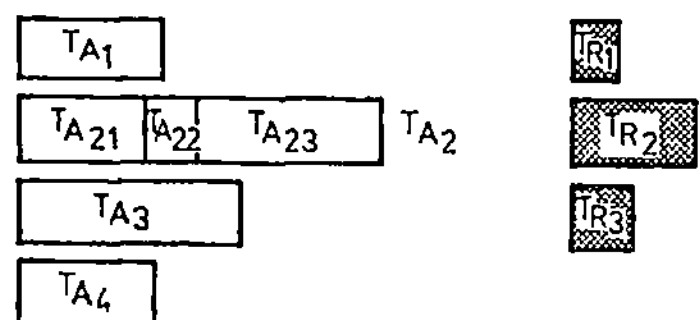

Bild 56: Ermittlung der Betriebs- und Störungsdauern für
Station 1 (Bild 55) nach Gl. 8.1

alle Struktureinheiten die Betriebs- und Instandsetzungsdauern ermittelt und waren damit einer statistischen Analyse
zugänglich.

Darüber hinaus wurden folgende Kennzahlen ermittelt:

- $\overline{T}_A$ je Struktureinheit
- $\overline{T}_R$ je Struktureinheit
- $\overline{T}_R$ je Störungsart (nach Störungscode) und
- Häufigkeit der Störungsarten je Struktureinheit.

8.2.2.2 Graphische Bestimmung der Verteilungsfunktionen

8.2.2.2.1 Klassenbreite und diskrete Kennwerte

Zum Bestimmen der Verteilungsfunktionen werden die Betriebs- und Instandsetzungsdauern Zeitintervallen Δt gleicher Größe zugeordnet. Die Klassenbreite Δt und damit die Anzahl von Klassen wurde nach der Faustregel von STURGES /5.6/ festgelegt und ergab z.B. für Station 60 für die Betriebsdauern $\Delta t \approx$ 163 min und für die Instandsetzungsdauern $\Delta t \approx 3,1$ min. Da die Anzahl der Klassen zwischen 10 und 25 liegen sollte und bei allen Stationen zu Vergleichszwecken für Betriebs- und Instandsetzungsdauern jeweils gleiche Klassenbreite vorliegen sollte und ferner insbesondere der Verlauf der Verteilungsfunktionen bei kürzeren Zeitdauern genauer untersucht werden sollte, wurde die Klassenbreite bei Betriebsdauern auf Δt = 100 min festgelegt. Für Struktureinheiten mit langen Betriebsdauern (10,20,170,220) wurde zum Beschränken der Klassenanzahl die Klassenbreite auf Δt = 200 min festgelegt. Somit ergab sich eine Anzahl von 13 bis 17 Klassen je Station. Bei den Instandsetzungsdauern wurde Δt = 2 min als einheitliche Klassenbreite für alle Struktureinheiten bestimmt. Da 95 % aller Störungen weniger als 30 min Instandsetzungszeit beanspruchten, wurde eine Klassenanzahl von 15 für das Ermitteln der Verteilungsfunktionen erreicht.

Auf der Grundlage dieser Klasseneinteilung wurden alle ermittelten Betriebsdauern T_{Ai} und Instandsetzungsdauern T_{Ri} für alle 18 Struktureinheiten den Klassen zugeteilt. Entsprechend den in Kap. 2 dargestellten Definitionen wurden daraus die diskreten Kennwerte ermittelt. Als Beispiel ist in Bild 57 die Analyse der Betriebsdauern der Station 60 gezeigt. Bild 58 zeigt

Betriebsdauer T_A in min	Anzahl Störungen innerhalb Δt	rel. Störungs-häufigkeit g (t) in %	rel. Störungs-freiheit Q (t) in %	Störungs-quote q (t) in $10^{-3} \cdot min^{-1}$
100	99	33,00	67,0	3,30
200	44	14,67	52,3	2,19
300	35	11,67	40,6	2,23
400	25	8,33	32,3	2,05
500	13	4,33	28,0	1,34
600	21	7,00	21,0	2,50
700	12	4,00	17,0	1,90
800	9	3,00	14,0	1,76
900	5	1,67	12,3	1,19
1000	10	3,33	9,0	2,70
1100	5	1,67	7,3	1,85
1200	5	1,67	5,6	2,27
1300	4	1,33	4,3	2,35
1400	-	-	4,3	-
1500	3	1,00	3,3	2,31
1600	5	1,67	1,6	5,00
>1600	5	1,67	1,6	

Bild 57 : Zuverlässigkeitswerte für Station 60

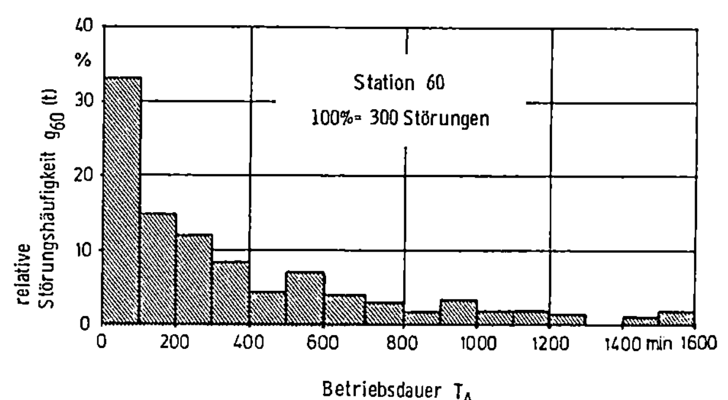

Bild 58 : Graphische Darstellung der relativen Störungshäufigkeit an Station 60

im graphischen Schaubild den Verlauf der relativen Störungshäufigkeit g_{60} (t).

8.2.2.2.2 Verteilungsfunktionen der Betriebsdauern

Die diskreten Werte der Störungssummenhäufigkeit G(t) wurden in Wahrscheinlichkeitspapier für die Weibull-Verteilung eingetragen und durch eine Ausgleichsgerade näherungsweise verbunden. Der β-Wert und die charakteristische Zeit T_C nach Kap. 5.1.2 lassen sich unmittelbar dem Wahrscheinlichkeitspapier entnehmen, der α-Wert kann über die Vorschrift

$$\alpha = T_c^{\beta} \tag{8.2}$$

ermittelt werden. <u>Bild 59</u> enthält alle α - und β-Werte der

Station	10	20	30	40	50	60	65	70	90	110	130	150	170	180	200	220	240
α	25,5	82,6	45,9	29,8	16,6	80,9	29,0	14,8	56,7	77,5	95,5	19,3	26,5	73,9	299,0	101,9	114,7
β	0,55	0,75	0,65	0,65	0,53	0,75	0,50	0,55	0,70	0,80	0,80	0,58	0,45	0,68	0,75	0,70	0,85
T_o in min	–	–	–	–	5	–	–	5	–	10	15	5	–	30	–	100	–

<u>Bild 59</u> : Parameter der Störungswahrscheinlichkeitsverteilungen

Störungswahrscheinlichkeitsfunktion für 17 Struktureinheiten.
Da bei Station 190 nur acht Störungen während des gesamten Beobachtungszeitraumes auftraten, ergab sich kein repräsentativer Stichprobenumfang; diese Station weist im Vergleich zu den
anderen Einheiten eine überdurchschnittlich große Betriebsdauerwahrscheinlichkeit R(t) auf, so daß sie für die weitere
Untersuchung ohne Bedeutung ist. Bei einigen Stationen treten
erst nach einer Mindestbetriebsdauer T_o die ersten Störungen
auf. Diese Werte sind als unterste Zeile in Bild 59 enthalten.

Die β-Werte sind alle $\beta < 1$ und weisen damit auf eine sinkende Störungsrate $\lambda(t)$ mit zunehmender Betriebsdauer T_A hin.
Für den praktischen Betrieb bedeutet das, daß die Wahrscheinlichkeit für das Auftreten einer Störung mit zunehmender störungsfreien Betriebsdauer T_A abnimmt, die Anlage also mit zunehmender Betriebsdauer zuverlässiger wird. Die Aufgabe besteht demnach darin, insbesondere die kurzen Betriebsdauern
zu verlängern.

8.2.2.2.3 Verteilungsfunktion der Instandsetzungsdauern

Entsprechend der Vorgehensweise im vorhergehenden Kapitel wurden die diskreten Werte der Instandsetzungssummenhäufigkeit
H(t) in Wahrscheinlichkeitspapier für die Weibull-Verteilung
eingetragen und wieder über eine Ausgleichsgerade angenähert.
<u>Bild 60</u> enthält die daraus ermittelten α - und β-Werte der

Station	10	20	30	40	50	60	65	70	90	110	130	150	170	180	200	220	240
α	1,48	2,14	2,28	1,90	3,70	2,22	2,07	1,49	1,57	0,77	0,88	1,50	1,91	2,39	5,02	12,17	0,86
β	0,67	0,94	0,90	0,77	1,00	0,85	0,83	0,68	0,70	0,50	0,66	0,63	0,93	0,95	0,72	1,70	0,35
T_o in min	–	1	1	1	1,5	–	–	–	–	1	1	1	1	1	1	1	1

<u>Bild 60</u> : Parameter der Instandsetzungswahrscheinlichkeitsverteilungen

Instandsetzungswahrscheinlichkeitsfunktion M(t) aller Struktureinheiten. Wenn der β-Wert $\beta < 1$ ist, so bedeutet das für den Betrieb der Anlage, daß mit zunehmender Instandsetzungsdauer ein baldiges Ende einer Instandsetzung zunehmend unwahrscheinlicher wird. Ist $\beta = 1$, so ist die zu erwartende Beendigung einer Instandsetzung von der bis dahin benötigten Instandsetzungsdauer unabhängig. Wenn $\beta > 1$ ist, wird ein Instandsetzungsdauerende mit der Instandsetzungsdauer zunehmend wahrscheinlicher. Das Ziel muß also sein, die Verteilungsfunktion der Instandsetzungssummenhäufigkeit in Richtung steigender β-Werte zu beeinflussen.

Bei vielen Struktureinheiten ergab sich im Weibull-Papier erst dann eine Gerade, wenn eine die Lage der diskreten Werte im Weibull-Papier verschiebende Mindestzeit T_o berücksichtigt wird. Die Werte sind ebenfalls in Bild 60 aufgeführt. Diese Zeit ist als Mindestinstandsetzungsdauer zu verstehen.

8.2.2.2.4 Vertrauensgrenzen der Verteilungsparameter

Als Aussagesicherheit wurde γ = 90 % gewählt, wobei die obere und untere Irrtumswahrscheinlichkeit jeweils ϑ = 5 % betragen sollte. Nach /1.2/ ergibt sich dann z.B. bei Station 60 für den α-Wert der Betriebsdauerverteilung $73,8 \leq \alpha \leq 89,1$. Das Bestimmen der Vertrauensgrenzen für den Parameter β wurde mit Hilfe eines Schätzverfahrens /8.1/ vorgenommen. <u>Bild 61</u> zeigt zusammenfassend die oberen und unteren Werte der Parameter der Störungs- und der Instandsetzungswahrscheinlichkeitsverteilungsfunktionen F(t) und M(t).

Station	10	20	30	40	50	60	65	70	90	110	130	150	170	180	200	220	240
$\underline{\alpha}$	22,8	74,9	41,7	·27,7	14,5	73,8	24,7	13,8	52,3	71,8	87,9	18,0	22,4	62,2	243,0	85,9	104,8
$\overline{\alpha}$	28,6	91,7	50,8	32,1	18,2	89,1	34,7	16,0	61,7	83,9	105,1	20,8	32,0	89,9	380,0	123,8	126,3
$\underline{\beta}$	0,51	0,70	0,61	0,62	0,48	0,70	0,45	0,52	0,66	0,76	0,75	0,55	0,40	0,60	0,65	0,62	0,81
$\overline{\beta}$	0,59	0,80	0,69	0,68	0,58	0,80	0,56	0,58	0,74	0,84	0,85	0,61	0,51	0,76	0,87	0,79	0,89

<u>Bild 61a:</u> Vertrauensgrenzen der Parameter der Betriebs-
dauerverteilungen

Station	10	20	30	40	50	60	65	70	90	110	130	150	170	180	200	220	240
$\underline{\alpha}$	1,33	1,94	2,07	1,77	3,23	2,03	1,77	1,39	1,45	0,71	0,81	1,41	1,62	2,01	4,09	9,84	2,43
$\overline{\alpha}$	1,66	2,38	2,52	2,05	4,30	2,45	2,47	1,60	1,71	0,83	0,96	1,61	2,31	2,91	6,36	15,62	0,95
$\underline{\beta}$	0,62	0,88	0,84	0,73	0,90	0,80	0,74	0,65	0,66	0,47	0,62	0,60	0,83	0,84	0,62	1,46	0,33
$\overline{\beta}$	0,72	1,01	0,96	0,81	1,10	0,91	0,93	0,71	0,74	0,53	0,70	0,66	1,05	1,07	0,83	1,97	0,37

<u>Bild 61b:</u> Vertrauensgrenzen der Parameter der
Instandsetzungsdauerverteilungen

$\overline{\alpha},\overline{\beta}$ = obere Werte

$\underline{\alpha},\underline{\beta}$ = untere Werte

8.2.2.3 Häufigkeiten der Störungsarten

Nachdem die Verteilungsfunktionen für Betriebs- und Instandsetzungsdauern zum Errechnen der Verfügbarkeit vorliegen, müssen
die Störungen auf ihre Ursachen hin untersucht werden, um Ansätze zur Verfügbarkeitserhöhung erkennen zu können. Stellt
man die ermittelten Störungsursachen in einer Übersicht dar
(<u>Bild 62a</u>), so können für alle Struktureinheiten diejenigen
Störungsarten erkannt werden, die im Beobachtungszeitraum
einen hohen Anteil der Störungen pro Station verursachen. Für
jede Struktureinheit wurden die Störungsursachen mit mehr als
8 % Anteil an der Gesamtzahl aller Störungen pro Station und
alle diejenigen Störungsursachen gekennzeichnet, die eine mitt-
lere Instandsetzungsdauer T_R > 20 min verursacht haben. Aus
dieser Übersicht sind auf diese Weise Schwerpunkte der In-
standsetzungstätigkeiten abzulesen.

Vergleicht man die Störungsfälle nach Häufigkeit je Struktureinheit (<u>Bild 62 b</u>), so zeigen sich starke Unterschiede von
79 Störungen je Jahr bei Station 180 bis zu 615 Störungen bei

STÖRUNGSURSACHE	STRUKTUREINHEIT																
	10	20	30	40	50	60	65	70	90	110	130	150	170	180	200	220	240
Schweißzange defekt		○										○					
Pneumatikzylinder			●														
Endschalter													●				
Antrieb		○		○													
Wasserkühlung		○															
Werkzeug verschmutzt								●	●	●	●						●
Schrittförderer					●												
Schweißzange einrichten												●					
Elektroden wechseln	●	●		●		●		○							○	●	
Greifer einrichten										○	○						
Hydraulikzylinder										○	○						
Blech im Greifer		●			●								●				
Elektroden anpassen		●	●	●		●			●			●			○	●	○
Schutzblech lose	●	●															
Kleberpistole							●										
Annäherungsschalter							●										
Fertigmeldung fehlt								●									
Türzusammenbau													●				
mangelhafte Schweißung	○			●	●	●		●	●			●				●	
Justage					○		●	●								●	
Werkstück nicht o.k.															●		
Ablauf steht														●			
Bördelbacken							●							●			
Druckstellen am Teil															●		

● Störungen mit mehr als 8% an Störungen einer Station

○ Störungen mit Instandsetzungsdauer $T_R > 20$ min

Bild 62 a: Wichtige Störungsursachen

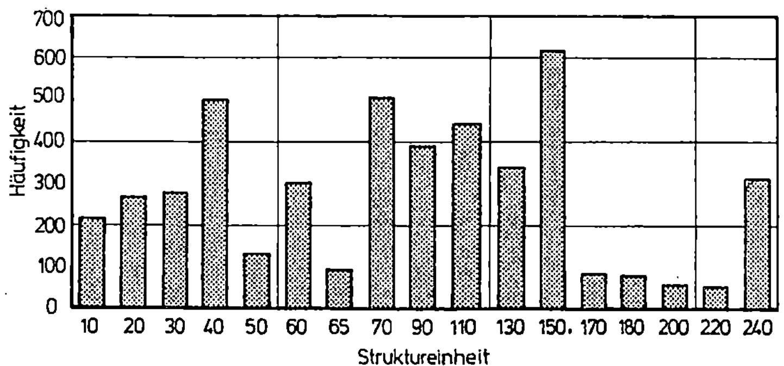

Bild 62 b: Störungshäufigkeit je Struktureinheit

Station 150. Aus der unterschiedlichen Häufigkeit ergibt sich
ein erster Hinweis auf die zu ergreifenden Verbesserungsmaß-
nahmen. Andererseits ist zu berücksichtigen, daß in Station
150 empfindliche Aussenhautpunkte gesetzt werden, sodaß hier
häufig die Schweißzangen nachgearbeitet werden müssen.
Die durchschnittlichen Instandsetzungsdauern schwanken ebenfalls sehr stark. So werden bei Station 10 bei mangelhaften

Schweißpunkten im Mittel 22 min für das Wiederherstellen der
Betriebsbereitschaft benötigt, bei vielen anderen Stationen
hingegen nur 3 bis 4 min.

8.3   Verbesserungsansätze

8.3.1   Verlängern der Betriebsdauern

Eine Verlängerung der Betriebsdauern bedeutet Erhöhen der Zuverlässigkeit der Stationen durch Zuverlässigkeitserhöhung
einzelner Bauelemente und -gruppen. Zuverlässigkeitserhöhung
durch geplante Instandhaltung wurde bereits während der
Nachtschicht durchgeführt, Zuverlässigkeitserhöhung durch Redundanz kommt aus Kosten-, Platz- und konstruktiven Gründen
nicht in Betracht.

Aus Kostengründen können zuverlässigkeitserhöhende Maßnahmen
nur an wenigen Schwerpunkten durchgeführt werden. Die Stationen 40, 70 und 150 weisen die kürzesten T_A auf. Bei Station
150 liegt die wesentliche Störungsursache bei den Elektroden
und den Schweißzangen. Durch Verbessern der Elektroden könnte
eine Verlängerung der mittleren Betriebsdauer erreicht werden.
Die bei Station 40 eingesetzten Stiftelektroden verschleißen
stärker als andere Elektroden. Durch Neugestaltung und Einsatz
anderer Werkstoffe müßte auch hier eine Verlängerung der mittleren Betriebsdauer möglich sein. Bei Station 70 läßt sich
keine eindeutige Fehlerursache angeben, nur 25 % aller Stö-
rungsangaben beziehen sich auf den Bereich der Elektroden.

Wenn man beispielsweise davon ausgeht, daß die charakteristischen Zeiten T_C der Störungswahrscheinlichkeitsverteilung F(t)
der Stationen 40, 70 und 150 jeweils von 185 min auf 220 min,
von 135 min auf 150 min und von 165 min auf 190 min angehoben
werden können, so ergibt sich rechnerisch eine Verfügbarkeitsverbesserung von $\Delta V = 0,52$ %. In der damit gewonnenen Betriebszeit von 10h 25 min könnten rd. 1630 Türen zusätzlich
gefertigt werden.

8.3.2 Verkürzen der Instandsetzungsdauern

Durch Verkürzen des Zeitbedarfs für Störungserkennung, Störungsbeseitigung oder durch Begrenzen der Störungsauswirkungen kann die Verfügbarkeit der Anlage ebenfalls wirksam angehoben werden. Ein Vergleich der charakteristischen Werte T_C der Instandsetzungsdauern weist besonders auf die Station 50 mit $T_C = 5,2$ min hin. Die Störungsbeseitigung dauert hier deswegen besonders lang, weil beim Verklemmen einer Tür in der Station die Tür nicht mehr zerstörungsfrei entnommen werden kann. Erhebliche Instandsetzungsdauern werden auch bei Station 110 und 130 für Störungsbeseitigung an Hydraulikzylinder benötigt. Bei vielen anderen Stationen lag die charakteristische Instandsetzungsdauer T_C zwischen 1,8 min und 3,3 min, was darauf hindeutet, daß diese Werte einen erreichbaren Mindestwert bedeuten und nur mit großem Aufwand weiter verringert werden können.

8.3.3 Auswahl der zu treffenden Maßnahmen

Bei begrenztem Investitionsvolumen muß eine Konzentration auf diejenigen Maßnahmen erfolgen, die die Verfügbarkeit V am wirkungsvollsten anheben. Als Maß für die Reihenfolgegewichtung kann gemäß Gl.2.21 die Verfügbarkeitsdichte ρ herangezogen werden. Ordnet man die 18 Einheiten nach steigender Verfügbarkeitsdichte ρ , so ergibt sich die in **Bild 63** aufgeführte

Struktur- einheit	ϑ	T_C von F(t)	T_C von M(t)
50	40,00	200	5,0
150	53,30	165	3,1
40	56,01	185	3,3
70	58,70	135	2,3
240	88,29	300	3,4
30	100,00	360	3,6

Bild 63 : Stationen mit niedriger Verfügbarkeitsdichte

Reihenfolge für die Stationen mit den sechs niedrigsten Verfügbarkeitsdichten. Die Werte der Verfügbarkeitsdichte legen die Vermutung nahe, daß sie einer Normalverteilung genügen, was aber im vorliegenden Fall infolge des geringen Stichprobenumfangs von 18 Stationen nicht schlüssig zu belegen ist.

Wegen der Beschränkung auf wenige Schwerpunktmaßnahmen wurden
die Stationen mit den niedrigsten Verfügbarkeitsdichtewerten,
Station 50 und 150, näher untersucht. Aufgrund der verhältnis-
mäßig langen Instandsetzungsdauern sollte bei Station 50 die
Instandsetzungswahrscheinlichkeit und wegen der kurzen Betriebsdauern bei Station 150 die Betriebsdauerwahrscheinlichkeit erhöht werden. Die dadurch zu erwartende Zuverlässigkeits-
und Verfügbarkeitserhöhung wird im folgenden mit Hilfe von
Rechenmodellen quantifiziert.

Dabei müssen folgende Daten berücksichtigt werden: Durch konstruktive Änderungen und Einsatz anderer Werkstoffe wird sich
nach Schätzungen des Elektrodenherstellers der charakteristische Wert der Störungswahrscheinlichkeitsfunktion der Station
150 von 165 min auf 320 min ändern. Damit steigt der α -Wert
der Funktion von 19,3 auf 28,4. Der für die Markov- Berechnung
benötigte λ-Wert (siehe Kap. 8.4.2) sinkt von $6,06 \cdot 10^{-3} \mathrm{min}^{-1}$
auf $3,12 \cdot 10^{-3} \mathrm{min}^{-1}$. Der charakteristische Wert der Instandsetzungswahrscheinlichkeitsfunktion wird sich gemäß den Schätzungen aus der Instandhaltungsabteilung durch die vorgeschlagene Änderung bei Station 50 von 5 min auf 1,9 min vermindert. Damit sinkt
der α -Wert der Verteilung von 3,7 auf 0,6, die Instandset-
zungsrate steigt von $\mu = 0,200 \mathrm{min}^{-1}$ auf $\mu = 0,526 \cdot \mathrm{min}^{-1}$
(bei $T_O = 1,3$ min) (siehe Kap. 8.4.2).

8.4 Ermitteln der zu erwartenden Verfügbarkeits- veränderung

8.4.1 Boolesches Modell

Zum Berechnen der Systemzuverlässigkeit wird Gl. 4.3 herangezogen, da nach Kap. 8.1.2 eine Serienstruktur ohne Zeitverzögerung vorliegt und die technischen Störungen an den einzelnen Stationen als voneinander statistisch unabhängig angesehen werden. Diese Annahme erscheint deswegen als gerechtfertigt, weil die überwiegende Zahl der Störungen im Bereich

der Elektroden auftreten und die Elektroden der einzelnen Stationen unabhängig voneinander arbeiten. Entsprechend den Werten in Bild 59 liegt für jede der 18 Stationen nach Gl. 5.2 die Betriebsdauerwahrscheinlichkeitsfunktion vor:

$$R_i(t) = e^{\frac{1}{\alpha_i}(t - T_{oi})^{\beta_i}} \cdot 100 \; ; \; i = 1,2...18 \tag{8.3}$$

Damit liegen für alle Struktureinheiten die Wahrscheinlichkeiten zu allen Zeitpunkten t fest, mit denen eine Betriebsdauer $T_A = t$ gerade erreicht wird. Durch Anwenden von Gl. 4.3 erhält man die Betriebsdauerwahrscheinlichkeit $R_S(t)$ der Gesamtanlage zu allen Zeitpunkten t, wie in Bild 64 dargestellt.

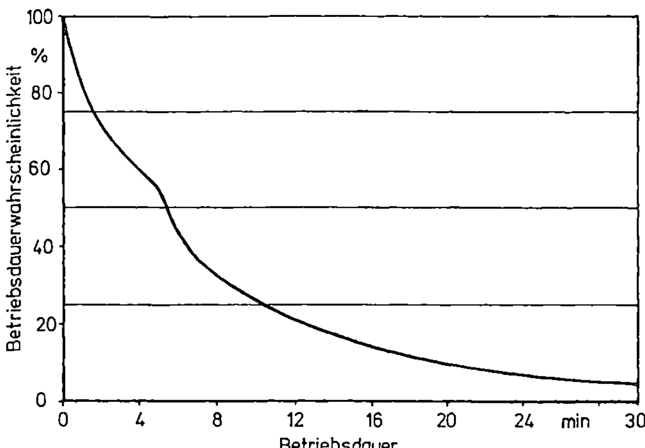

Bild 64: Betriebsdauerwahrscheinlichkeitsfunktion der Transferstraße

Wird nun die Betriebsdauerwahrscheinlichkeit der Station 150 über eine anzunehmende Änderung des Parameters α der Verteilungsfunktion R(t) entsprechend den Angaben im vorhergehenden Kapitel bei gleichem β erhöht, so ergibt sich eine Erhöhung

der Betriebsdauerwahrscheinlichkeitsfunktion der Gesamtanlage
um rund 1 % bei Betriebsdauern zwischen 5 min und 30 min. Bei
Betriebsdauern unter 5 min ergibt sich gegenüber dem Ist-Zustand keine Veränderung der Zuverlässigkeit, da die störungs-
freie Mindestbetriebsdauer T_o bei Station 150 gerade 5 min
beträgt. Bei Werten t > 30 min wird der Zuverlässigkeitszuwachs größer als 1 %, da die Gesamtzuverlässigkeit der Anlage
sehr klein wird und die Zuverlässigkeitserhöhung relativ stärker zu Buche schlägt als bei Betriebsdauern t < 30 min. Die
Betriebsdauerwahrscheinlichkeiten der Gesamtanlage liegen aber
bei t = 30 min unter 5 %, so daß diese Werte praktisch ohne
Bedeutung sind und damit die erzielbare Zuverlässigkeitserhöhung mit $\Delta R \approx 1$ % angegeben werden kann.

Da mit einfachen Booleschen Modellen keine Aussagen über Verfügbarkeitswerte möglich sind, muß zum Ermitteln der Auswirkung der Erhöhung von Instandsetzungswahrscheinlichkeiten einzelner Stationen auf andere Rechenmodelle übergegangen werden.

8.4.2   Markov- Modell

Entsprechend der Herleitung in Kap. 8.1.3 kann die Anzahl der
zuverlässigkeitsbestimmenden Zustände der Anlage auf 19 verringert werden. Die einzelnen Zustände werden dabei folgender-
maßen definiert:

0	=	System intakt (keine Station gestört)
1	=	Station 10 gestört
2	=	Station 20 gestört
3	=	Station 30 gestört
4	=	Station 40 gestört
5	=	Station 50 gestört
6	=	Station 60 gestört
7	=	Station 65 gestört

8	=	Station 70 gestört
9	=	Station 90 gestört
10	=	Station 110 gestört
11	=	Station 130 gestört
12	=	Station 150 gestört
13	=	Station 170 gestört
14	=	Station 180 gestört
15	=	Station 190 gestört
16	=	Station 200 gestört
17	=	Station 220 gestört
18	=	Station 240 gestört

Der entsprechende Zustands-Übergangs-Graph für die 19 Zustände kann gemäß __Bild 65__ dargestellt werden. Der diskret fort-

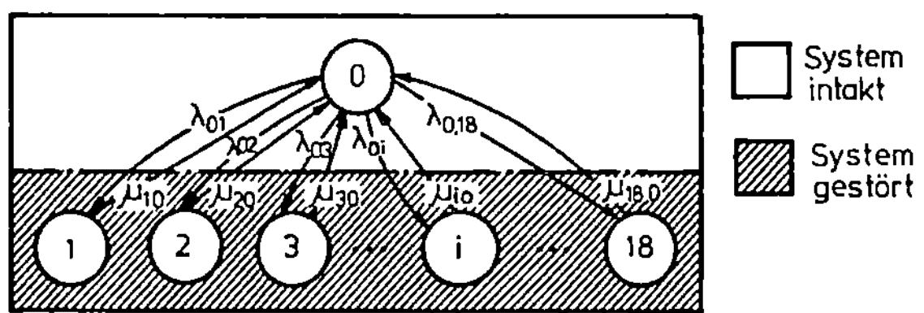

__Bild 65__ : Zustands-Übergangs-Graph für 19 Zustände

schreitende Parameter des Prozesses wird als Betriebszeit mit der Schrittweite $\Delta t = 1$ min angenommen, die Übergangsraten innerhalb dieses Zeitmaßes ergeben sich aus den nachfolgenden Überlegungen. Wenn das Fertigen der Türen auf der betrachteten Anlage als diskreter homogener Markov- Prozeß angesehen werden soll, müssen folgende Einschränkungen als zulässig angenommen werden:

- Der Prozeß ist stationär, d.h. die Übergangsraten sind zeitunabhängig. Die Zulässigkeit dieser Annahme wird durch das folgende Beispiel gezeigt. __Bild 66__ zeigt den Verlauf

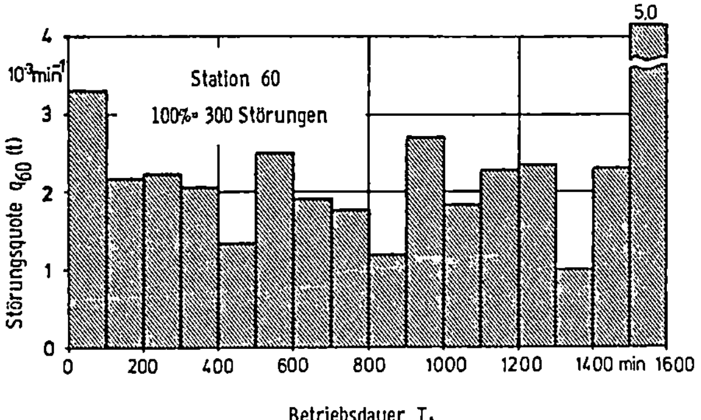

Bild 66 : Störungsquote q (t) für Station 60

der Störungsquote q(t) der Station 60 in Abhängigkeit von der Betriebsdauer. Es ist keine deutliche Tendenz zu erkennen, die Werte schwanken im allgemeinen zwischen $1 \cdot 10^{-3}$ min^{-1} und $3 \cdot 10^{-3}$ min^{-1}. Im Vergleich mit den sonst sehr häufig auftretenden Schwankungen von Störungsquoten im Bereich von Zehnerpotenzen erscheint die Annahme einer Zeitunabhängigkeit als zulässig, zumal durch diese Vereinfachung der mathematische Aufwand bei der späteren Auswertung erheblich verringert wird (siehe Kap. 4.4). Darüber hinaus ist die Schwankung der Störungsquote bis zu einer Betriebsdauer von 800 min von größerer Bedeutung als bei längeren Betriebsdauern, da innerhalb dieses Zeitraumes 85,6 % aller beobachteten Werte liegen. Mit zunehmender Betriebsdauer wird die Anzahl von Beobachtungswerten immer geringer, so daß die statistische Signifikanz der Störungsquote abnimmt. Aufgrund der genannten Überlegungen wurden die Übergangsraten aller 18 Struktureinheiten aus den Kehrwerten der charakteristischen Zeit T_C der Weibull-Verteilung der Betriebs- und Instandsetzungsdauern gebildet. Neben den stationenspezifischen Verfügbarkeitsdichten zeigt **Bild 67** die Störungs- und Instandsetzungsraten von 17 Struktureinheiten; entsprechend den Angaben in Kap. 8.2.2.2.2 wird die Station 190 dabei nicht mehr berücksichtigt.

Station	Störungsrate λ in 10^{-3} min^{-1}	Instandsetzungs- rate μ in min^{-1}	Verfügbarkeits- dichte $\mathcal{S}$
10	$\lambda_{01} = 2{,}78$	$\mu_{10} = 0{,}357$	128,42
20	$\lambda_{02} = 2{,}78$	$\mu_{20} = 0{,}303$	108,99
30	$\lambda_{03} = 2{,}78$	$\mu_{30} = 0{,}278$	100,00
40	$\lambda_{04} = 5{,}41$	$\mu_{40} = 0{,}303$	56,01
50	$\lambda_{05} = 5{,}00$	$\mu_{50} = 0{,}200$	40,00
60	$\lambda_{06} = 2{,}86$	$\mu_{60} = 0{,}392$	137,06
65	$\lambda_{07} = 1{,}19$	$\mu_{70} = 0{,}417$	350,42
70	$\lambda_{08} = 7{,}41$	$\mu_{80} = 0{,}435$	58,70
90	$\lambda_{09} = 3{,}12$	$\mu_{90} = 0{,}500$	160,26
110	$\lambda_{0,10} = 4{,}35$	$\mu_{10,0} = 0{,}588$	135,17
130	$\lambda_{0,11} = 3{,}33$	$\mu_{11,0} = 0{,}556$	166,97
150	$\lambda_{0,12} = 6{,}06$	$\mu_{12,0} = 0{,}323$	53,30
170	$\lambda_{0,13} = 0{,}67$	$\mu_{13,0} = 0{,}333$	497,01
180	$\lambda_{0,14} = 1{,}79$	$\mu_{14,0} = 0{,}263$	146,93
200	$\lambda_{0,16} = 0{,}50$	$\mu_{16,0} = 0{,}109$	218,00
220	$\lambda_{0,17} = 1{,}35$	$\mu_{17,0} = 0{,}161$	119,26
240	$\lambda_{0,18} = 3{,}33$	$\mu_{18,0} = 0{,}294$	88,29

<u>Bild 67</u> : Übergangsraten und Verfügbarkeitsdichten für 17
Struktureinheiten

-   Der Prozeß ist nachwirkungsfrei, d.h. die Übergangswahr-
    scheinlichkeiten sind unabhängig davon, wie oft die Zu-
    stände zuvor schon erreicht wurden. Diese Annahme kann
    ohne Einschränkungen gelten, da während der statistischen
    Analyse der Betriebs- und Instandsetzungsdauern keine sig-
    nifikante zeitliche Häufung bestimmter Störungsursachen
    festgestellt werden konnte.

-   Ein Systemzustand wird innerhalb eines Zeitraumes von 1 min
    nur einmal erreicht. Diese Annahme muß als zulässig ange-
    nommen werden, da die kleinste bei der Datendokumentation
    betrachtete Zeiteinheit 1 min betrug und somit das Errei-
    chen der Zustände "System intakt" und "System gestört"
    innerhalb eines Zeitraumes von 1 min nicht erfaßbar war.

Weil der Berechnungsaufwand für die zeitabhängigen Zustandswahrscheinlichkeiten mit der Zahl der Zustände überproportional
anwächst, wurde die Anzahl der zu betrachtenden Zustände vermindert. Als wichtigster Ausgangszustand wird

Zustand 0   =   Gesamtanlage intakt

beibehalten. Unter Beachtung der in Kap. 8.1.2 hergeleiteten
Anlagenstruktur bietet es sich an, die dort definierten Zwei-

ge 220 und 240 als zustandsbestimmende Struktureinheiten zu
betrachten. Damit wird

Zustand 1   =   Struktureinheit 10 bis 50 oder 220 gestört und

Zustand 2   =   Struktureinheiten 60 bis 240 (ohne 220) ge-
                  stört.

Der Zustands-Übergangs-Graph des reduzierten Modells ist in
<u>Bild 68</u> dargestellt. Die Störungs- und Instandsetzungsraten

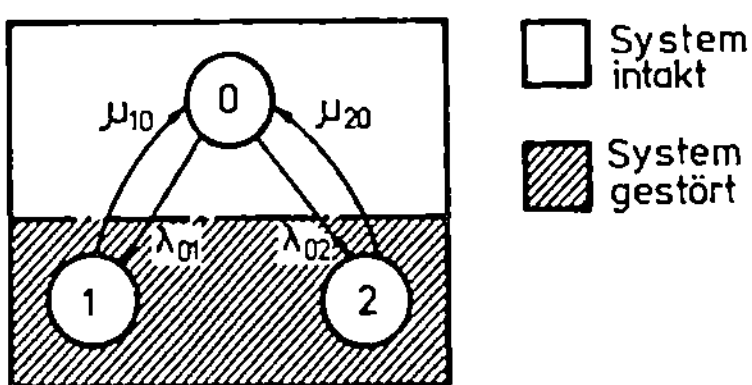

<u>Bild 68</u> : Zustands-Übergangs-Graph für das reduzierte Modell

der zusammengefaßten Struktureinheiten ergeben sich aufgrund
der Serienstruktur (siehe Anhang, Kap. 10.3) als

$$\lambda_{01} = 0,0201 \text{ min}^{-1} \; ; \qquad \mu_{10} = 0,267 \text{ min}^{-1} \; ;$$
$$\lambda_{02} = 0,0346 \text{ min}^{-1} \; ; \qquad \mu_{20} = 0,383 \text{ min}^{-1} \; .$$

Im Vergleich mit der nach Gl. 8.4   errechneten Verfügbarkeit
ergibt sich durch das reduzierte Modell eine Ergebnisabwei-
chung um 0,3 %.

Wie im Anhang (Kap. 10.3) dargestellt, entspricht die Zustandswahrscheinlichkeit $P_0(t)$ des Zustandes 0 der Verfügbarkeit V(t) der Fertigungseinrichtung. Nach Aufstellen der Differentialgleichungen gemäß Gl. 10.25 und ihrer Lösung ergibt
sich die zeitliche Veränderung dieses Verfügbarkeitswerte gemäß <u>Bild 69</u>. Da man sinnvollerweise davon ausgeht, daß der
Fertigungsprozeß bei Beobachtungsbeginn (= Fertigungsbeginn)
im Zustand 0 ist, nähert sich die Verfügbarkeit vom 100 %-Wert
her dem stationären Grenzwert $V(t \longrightarrow \infty) = 86,09$ %. Aus Bild 69
wird ebenfalls deutlich, daß ein stationärer Zustand rechne-
risch schon nach 10 min erreicht ist und daß somit langfristig
nur der Wert der stationären Dauerverfügbarkeit von Bedeutung
ist.

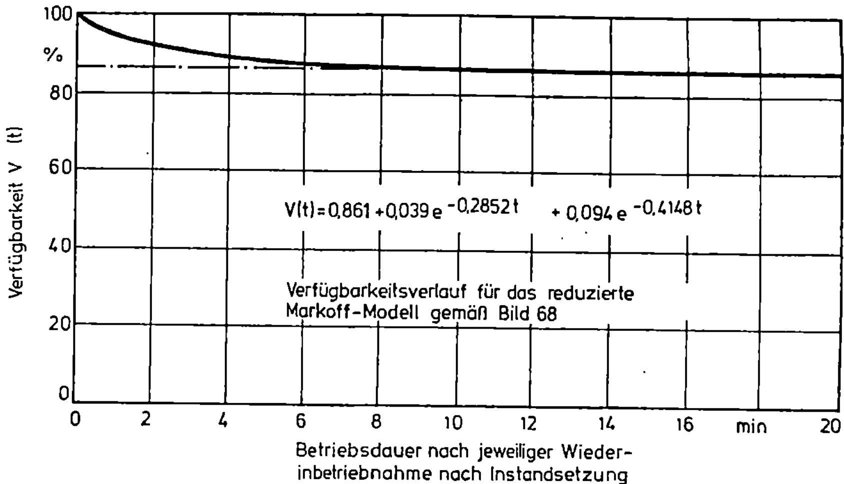

Bild 69: Zeitlicher Verlauf der Verfügbarkeit

Wenn sich infolge der vorgeschlagenen Maßnahmen die Übergangsraten entsprechend den in Kap. 8.3.3 angegebenen Daten ändern,
so müssen folgende Werte für das Berechnen der Systemverfügbarkeit eingesetzt werden:

$$\lambda_{01} = 0,0201 \text{ min}^{-1} ; \qquad \mu_{10} = 0,321 \text{ min}^{-1} ;$$
$$\lambda_{02} = 0,0317 \text{ min}^{-1} ; \qquad \mu_{20} = 0,383 \text{ min}^{-1} .$$

Daraus ergibt sich nach Gl. 10.25 der Wert $V(t \to \infty) = 87,38$ %.
Mit diesem Berechnungsgang ergibt sich eine mögliche Verfügbarkeitssteigerung um $\Delta V = 1,29$ %.

Nach Kap. 4.2.1 ist nur die stationäre Grenzverteilung für das
Beurteilen der Verfügbarkeit V ausschlaggebend. Diese Grenz-
wahrscheinlichkeiten π_i können nach Gl. 10.33 (siehe Anhang,
Kap. 10.4) errechnet werden und ergeben für den Zustand 0 π_0
= 86,16 %. Die Zustandswahrscheinlichkeit π_0 entspricht wieder der Dauerverfügbarkeit V. Die vorgeschlagenen Verbesse-
rungsmaßnahmen resultieren nach erneutem Berechnen mit den
veränderten Übergangsraten in einer Verfügbarkeitsverbesserung
um $\Delta V = 1,38$ % auf $V = 87,54$ %.

Für Seriensysteme ergibt sich nach Herleitung aus /8.2/

$$V_S = \cfrac{1}{1 + \sum_{i=1}^{n} \dfrac{\lambda_i}{\mu_i}} \qquad (8.4)$$

Bei Zugrundelegen der entsprechenden Werte aus Bild 67 ergibt
sich daraus der Wert V = 85,79 %. Wenn man wieder die durch
die vorgeschlagenen Maßnahmen geänderten Daten in der Rechen-
vorschrift berücksichtigt, so ergibt sich eine Verfügbarkeitssteigerung um Δ V = 1,51 % auf V = 87,30 %. Das Erhöhen der
Instandsetzungswahrscheinlichkeit allein ergibt einen Verfügbarkeitsgewinn von Δ V = 0,94 %, die alleinige Verbesserung
der Zuverlässigkeit einen Verfügbarkeitsgewinn von Δ V =
0,57 %. Das Erhöhen der Instandsetzungswahrscheinlichkeit an
Station 50 ist also zeitlich gesehen um das 1,7-fache wir-
kungsvoller als das Erhöhen der Betriebsdauerwahrscheinlichkeit an Station 150. Dabei führt der Verbund beider Maßnahmen
zu einer geringfügig besseren Verfügbarkeitssteigerung als die
Summe der Einzelmaßnahmen.

8.4.3   Simulationsrechnung

Nach Kap. 4.3.2 ist die Methode der digitalen Simulation ein
geeignetes Hilfsmittel, sowohl das Zuverlässigkeits- als auch
das Verfügbarkeitsverhalten von Fertigungsabläufen modellhaft
nachzubilden. Da die nachzubildende Schweißstraße

- einfache Serienstruktur aufweist,
- gleichbleibende Taktzeit besitzt,
- entsprechend den Annahmen in Kap. 8.1.2 keine Zeitverzögerung bei Zustandswechseln aufweist und
- in zwei Zustandsklassen "System ist störungsfrei" und
  "Störung im System" aufgeteilt werden kann und damit
  als Gesamtanlage binär zu beschreiben ist,

kann die zeitabhängige stochastische Ereignisfolge der Zustandswechsel der Gesamtanlage vereinfachend als binärer Zu-
fallsprozeß gemäß der Darstellung in Bild 55 aufgefaßt und
nachgebildet werden.

Zur Zuverlässigkeitsermittlung für die Transferstraße mit Hilfe
der Simulation sind die Verteilungsfunktionen der Betriebsdauerwahrscheinlichkeiten der einzelnen Stationen erforderlich.
Für alle Stationen werden dann über einen Zufallszahlengenerator die jeweils erreichbaren Betriebsdauern ermittelt.Die
innerhalb einer Ausspielung auftretende kürzeste Betriebsdauer ist aufgrund der Serienstruktur der Transferstraße die zuverlässigkeitsbestimmende Zeitdauer. Die nach 1ooo Stichproben
ermittelte Verteilungsfunktion der Zuverlässigkeit der gesamten
Transferstraße ist in <u>Bild 7o</u> dargestellt, das ebenfalls die
in Bild 64 gezeigte Zuverlässigkeitsfunktion aus dem Booleschen
Berechnungsmodell enthält.

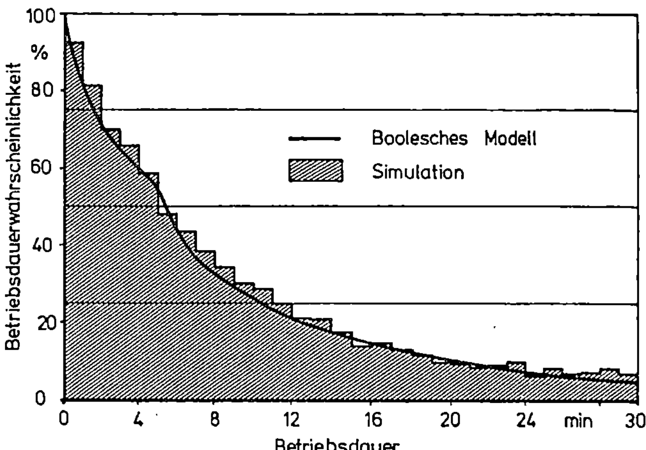

<u>Bild 7o</u>: Betriebsdauerwahrscheinlichkeitsverteilung nach dem
Booleschen Modell und gemäß einer Simulationsrechnung

Als Eingangsdaten für die Verfügbarkeitsermittlung mit Hilfe
der Simulation sind die Parameter der Verteilungsfunktionen
sowohl für die Betriebs- als auch die Stördauern der 18 Stationen nach Bild 59 und 6o erforderlich. Die Zeitpunkte der Zustandswechsel werden über einen   Zufallszahlengenerator
aus den vorliegenden Verteilungen ermittelt. Der Fertigungsablauf wird in zeitlichen Schrittweiten von 1 min für die Dauer
von 80 Schichten nachgebildet. Dadurch wurde eine technische
Verfügbarkeit V im stationären Zustand von V = 83,98 % ermittelt. Durch Ändern der Parameter α der Verteilungsfunktionen

der Betriebsdauern der Station 150 und der Störungsdauern der
Station 50 auf die in Kap. 8.3.3 angegebenen Werte und nochma-
liges Durchführen der Simulationsrechnung wird die erreichbare Verfügbarkeit auf V = 85,59 % angehoben. Dabei konnte durch
Verbessern der Betriebsdauerwahrscheinlichkeit an Station 150
eine Verfügbarkeitssteigerung um $\Delta V = 0,64$ %, durch Erhöhen
der Instandsetzungswahrscheinlichkeit eine Erhöhung um $\Delta V =$
0,97 % errechnet werden.

8.4.4   Vergleich der Ergebnisse

Nach den Rechenergebnissen kann man davon ausgehen, daß sich
die stationäre technische Systemverfügbarkeit V von V = 84,6 %
auf rd. V = 86,1 % verbessert. Der Verfügbarkeitszuwachs durch
die Zuverlässigkeitserhöhung an Station 150 ist dabei kleiner
als durch die Anhebung der Instandsetzungswahrscheinlichkeit
der Station 50.

Boolesches Modell

Durch die Nachbildung der Serienstruktur der Fertigungslinie in
einem einfachen Booleschen Modell läßt sich bei Betriebsdauern
zwischen 5 und 30 min eine Verbesserung der Zuverlässigkeit von
$\Delta R \approx 1$ % errechnen. Bei größeren Betriebsdauern ist die Zuverlässigkeit der Fertigungsstraße so klein, daß sie als Bezugs-
größe der errechneten Zuverlässigkeitserhöhung diesen Zuwachs
unverhältnismäßig groß erscheinen läßt. Die Verbesserung der
Instandsetzungszeiten der Station 5o läßt sich mit diesem Modell nicht berechnen.

Markov- Modell

Der mit Hilfe des Markov- Modells berechnete Verfügbarkeitswert V = 86,1 % für den Ist-Zustand der Fertigungslinie liegt
über dem tatsächlich erreichten Wert. Aufgrund der bei fast
allen Stationen tendenziell leicht sinkenden Instandsetzungsquote d(t) und der Ermittlung der konstanten Instandsetzungsraten über die charakteristische Zeit T_C der Weibull-Funktionen für die Instandsetzungssummenhäufigkeit $H_i(t)$ liegt die
angenommene Instandsetzungsrate $\mu(t)$ besonders bei langen Betriebsdauern über der tatsächlichen Instandsetzungsquote d(t),
so daß die rechnerisch ermittelte Verfügbarkeit höher sein muß

als in Wirklichkeit. Die Differenz ΔV von 0,07 % bei der Berechnung einerseits der zeitabhängigen und andererseits der stationären Zustandsverteilung im Markov- Modell basiert auf Rundungsfehlern bei der Berechnung, da diese Rechenverfahren sehr empfindlich auf Datenänderungen reagieren. Wird die zeitabhängige Zustandsverteilung z.B. mit einem um eine Zehnerpotenz größeren Rundungsfehler errechnet, ergibt sich ein Verfügbarkeitswert von V = 86,7 %.

Simulation

Der nach 4000 simulierten technischen Störungen ermittelte Wert der technischen Verfügbarkeit V beträgt 82,98 %. Dieser Wert liegt unter dem tatsächlichen Wert, da infolge der Nachbildung der Instandsetzungsquote durch eine Weibull-Funktion die kurzen Instandsetzungszeiten mehr als ihrer tatsächlichen Häufigkeit entsprechend bei der Simulationsrechnung berücksichtigt werden. Darüber hinaus sind bei der Bildung der 18 Funktionen der Störungswahrscheinlichkeit $F_i(t)$ aus den entsprechenden Störungssummenhäufigkeiten $G_i(t)$ durch die Linearisierung im Weibull-Papier Abweichungen vom tatsächlichen Verlauf der Werte im Rahmen der statistischen Aussagesicherheit γ = 90 % entstanden. Die tatsächlichen Werte der Häufigkeiten $G_i(t)$ liegen dabei bei kurzen Betriebsdauern T_A bei vielen Stationen (mit Ausnahme von Station 20, 65, 130, 150, 190, 200 und 220) leicht unterhalb der entsprechenden Verteilungsfunktionen $F_i(t)$, so daß bei diesen Stationen die kurzen Betriebsdauern etwas häufiger als in Wirklichkeit auftreten. Diese Abweichung geht also zu Lasten des Nicht-exponential-Charakters der relativen Störungshäufigkeit g(t) bei kurzen Betriebsdauern. Infolge der damit insgesamt größeren Anzahl von Betriebsdauern T_A und Störungsdauern T_S macht sich die Verbesserung der Instandsetzungswahrscheinlichkeit an Station 50 bei der Simulationsrechnung stärker bemerkmar als bei der Berechnung mit Hilfe des Markov- Modells.

Durch die verschiedenen Schritte bei der mathematischen Modellbildung entstehen erwartungsgemäß Abweichungen zu den tatsächlichen Werten. Im vorliegenden Fall unterscheiden sich die Ergebnisse aber nur um wenige Prozentpunkte. Darüber hinaus sind im vorliegenden Berechnungsbeispiel nicht die Absolutwerte der technischen Verfügbarkeit V, sondern nur die zu erwartende Verfügbarkeitsänderung ΔV von Interesse, so daß der Verfügbarkeitszuwachs von $\Delta V = 1,5$ % als tatsächlich erreichbar angenommen werden kann. Dabei macht sich die Instandsetzungsverbesserung mit $\Delta V = 0,9$ % und die Zuverlässigkeitserhöhung mit $\Delta V = 0,6$ % bemerkbar.

In **Bild 71** sind zusammenfassend die durch die verschiedenen Modellansätze errechneten Verbesserungen gegenübergestellt.

	Zuverlässigkeit	Verfügbarkeit
Boolesches Modell	$+ \Delta R \approx 1\,\%$	——
Markov – Modell **– zeitabhängig** **– stationär**	—— ——	$+ \Delta V = 1,29\,\%$ $+ \Delta V = 1,38\,\%$
Simulation	$+ \Delta R \approx 1\,\%$	$+ \Delta V = 1,61\,\%$

Bild 71: Errechenbare Verbesserungen mit Hilfe verschiedener Modellansätze

8.5 Wirtschaftlichkeitsbetrachtung

8.5.1 Zuverlässigkeits-Systemkosten

Nach dem Ermitteln der als technisch realisierbar anzusehenden Verfügbarkeitssteigerung um $\Delta V = 1,5$ % muß über einen Kostenvergleich entschieden werden, ob und um welchen Betrag sich die Verfügbarkeitskosten zeit- oder stückzahlbezogen vermindern lassen. Durch die einmalig durchzuführenden Verbesserun-

gen der Betriebsdauerwahrscheinlichkeit der Station 150 und
der Instandsetzungswahrscheinlichkeit der Station 50 wird ein
Investitionsbedarf von annähernd 70 TDM erforderlich: Die neuen
Elektroden erfordern nach Schätzungen des Herstellers ungefähr
28 TDM, das Erhöhen der Instandsetzungswahrscheinlichkeit
durch konstruktive Änderungen wird nach Angaben der Instandhaltungsabteilung des Anlagenbetreibers annähernd 42 TDM verursachen.

8.5.2   Störungskosten

Durch die genannten Verbesserungen werden sich die von Störungshäufigkeit und -dauer abhängigen Störungskosten vermindern. Wegen der schwierigen Abschätzung der Ausfallfolgekosten wurde im vorliegenden Fall nur die Einsparung an Instandhaltungskosten ermittelt. Sie beträgt nach Angaben des Anlagenbetreibers infolge von eingesparten Lohn- und Materialkosten für die Instandhaltungsabteilung ungefähr 75 TDM je Jahr.

8.5.3   Erhöhen der Produktionsleistung

Infolge der erhöhten technischen Verfügbarkeit V erhöht sich
die mögliche Produktionsleistung der Schweißstraße. Mit der
Verfügbarkeit von V = 84,6 % wurde eine Stückzahl von 313 953
Türen erreicht. Ein Erhöhen dieses Wertes um 1,5 % wird also
zu 5566 zusätzlich produzierten Türen (bzw. zu 35,6 h zusätzlichen Produktionsstunden) führen.

8.5.4   Folgen für den Unternehmenserfolg

8.5.4.1   Quantifizierbarer Nutzen

Im folgenden soll nicht der Maschinenstundensatz der Anlage
als Absolutwert errechnet werden, sondern nur seine durch die
Verfügbarkeitsänderung hervorgerufene Änderung ΔK_{MH}:

$$\Delta K_{MH} = \frac{\Delta K_A + \Delta K_K + \Delta K_I + K_{MH} \cdot t_N}{t_N + \Delta t_N} - K_{MH} \, , \qquad (8.5)$$

wobei K_A = Abschreibungskosten
K_K = Kosten durch kalkulatorische Zinsen
K_I = Instandhaltunskosten
K_{MH} = Maschinenstundensatz.
t_N = Nutzungszeit

Folgende Daten wurden herangezogen:

Wirtschaftliche Nutzungsdauer   8a

Restnutzungsdauer der verfügbarkeitserhöhenden Maßnahmen	7a
Kalkulatorischer Zins	11,5 %
Investitionskosten für Erhöhen der Instandsetzungswahrscheinlichkeit an Station 50	42 TDM
dadurch erreichbarer Verfügbarkeitszuwachs ΔV	0,9 %
Einsparung an Instandsetzungskosten an Station 50 ΔK_I	45 TDM/a
Investitionskosten für Erhöhen der Betriebsdauerwahrscheinlichkeit an Station 150	28 TDM
dadurch erreichbaren Verfügbarkeitszuwachs ΔV	0,6 %
Einsparung an Instandsetzungskosten an Station 150 ΔK_I	30 TDM/a
Nutzungszeit t_N im Ist-Zustand	2006 h/a
Anlagenstundensatz K_{MH} im Ist-Zustand	400 DM/h

Wenn man annimmt, daß Raum- und Energiekosten unverändert bleiben, ergibt sich eine Verringerung des Anlagenstundensatzes um ΔK_{MK} = 8,9 %. Dabei wirkt sich die Verbesserung an Station 50 mit ΔK_{MH} = - 5,3 % stärker aus als die Verbesserung an Station 150 mit ΔK_{MH} = - 3,6 %. Damit liegt eine quantifizierte Entscheidungsgrundlage für das Planen verfügbarkeitserhöhender Maßnahmen vor.

8.5.4.2   Nicht-quantifizierbarer Nutzen

Der nicht-quantifizierbare Nutzen der o.g. Maßnahmen läßt sich am ehesten als Vermeiden nicht direkt quantifizierbarer Kosten und Nachteile für den Anlagenbetreiber angeben. Dazu gehören im allgemeinen die bei der Beschreibung der Ausfallfolgekosten genannten wirtschaftlichen Nachteile und Risiken wie

- Verzögern von Lieferterminen,
- Zahlen von Schadenersatz und Konventionalstrafen,
- Ertragseinbußen durch Stornieren von Aufträgen verärgerter Kunden oder
- Überwechseln der Kunden zum Wettbewerb.

Diese Nachteile sind entweder grundsätzlich nicht oder wegen des extrem großen Erfassungsaufwandes nur ex post und in sehr engen Grenzen zu erfassen. Im vorliegenden Beispiel reicht darüber hinaus die Berücksichtigung quantifizierbarer Bewertungsmerkmale als sichere Entscheidungsinformation aus.

Für das quantifizierte Beschreiben des zufallsabhängigen Störverhaltens komplexer Fertigungssysteme ist zunächst eine
Strukturierung der betrachteten Fertigungseinrichtung in zuverlässigkeitsbestimmende Betrachtungseinheiten und ihrer Beziehungen zueinander vorzunehmen. Mit Hilfe der in Kap. 1 hergeleiteten grundlegenden Überlegungen ist sowohl diese Strukturierung als auch eine Bestimmung der zuverlässigkeitsrelevanten Zustände definierter Struktureinheiten möglich. Die Wahrscheinlichkeit, mit der diese Zustände voraussichtlich auftreten werden, ist mit Maßzahlen zu erfassen. Diese Maßzahlen können über die in Kap. 2 hergeleiteten Zuverlässigkeits- und Instandsetzungskennwerte für Fertigungseinrichtungen ermittelt
werden. Im Gegensatz zu den für eine kurzfristige Zustandsbe-
urteilung wichtigen Zuverlässigkeits- und Instandsetzungskennwerten sind die anschließend beschriebenen Definitionen der
Verfügbarkeit und der Verfügbarkeitsdichte für ein Bewerten
und Vergleichen des Langfristverhaltens von Fertigungseinrichtungen erforderlich. Die für eine Beeinflussung der technischen Verfügbarkeit von Fertigungseinrichtungen in Frage kom-
menden Handlungsalternativen sind in Kap. 3 zusammengefaßt und
unter den Gesichtspunkten der Zuverlässigkeitstheorie geordnet.

Die mathematischen Modellansätze und die für ihre Auswertung
erforderlichen Berechnungsmethoden, mit denen die Zuverlässig-
keits- und Instandsetzungskennwerte zu systembeschreibenden
Verfügbarkeitsangaben verdichtet werden, sind in Kap. 4 aufgeführt und vergleichend im Blickwinkel eines möglichen Einsatzes
bei der Planung hochautomatisierter Fertigungssysteme bewertet.
Die mit diesen Methoden erzielbaren Ergebnisse sind aber von
der Aussagekraft der Eingangsdaten abhängig. Die zu berück-
sichtigenden Randbedingungen von der Datenerfassung und -auf-
wertung bis hin zur Ermittlung der Verteilungsfunktionen von
Betriebs- und Instandsetzungsdauern werden in Kap. 5 auf der
Grundlage durchgeführter Datenerfassungen aufgezeigt, um einen
für die Anwendung notwendigen Ausgleich zwischen mathematischer
Genauigkeit, Berechnungsaufwand und den üblicherweise vorhan-

denen Daten zu ermöglichen. Zusätzlich wird in Kap. 6 eine verfügbarkeitsorientierte Aufgliederung von Störungskosten hergeleitet und ihre in der Praxis auftretenden Größenordnungen am Beispiel einer mechanischen Fertigung wiedergegeben.

Die vorgenannten Arbeitsschritte werden in Kap. 7 zu einer allgemein anwendbaren Handlungsvorschrift zur Verfügbarkeitsoptimierung komplexer Fertigungseinrichtungen zusammengefaßt, wobei auch die für einen Einsatz in der heutigen Planungspraxis eingrenzenden Randbedingungen aufgezeigt werden. Zum Verdeutlichen der auszuführenden Arbeitsschritte einerseits und zum Nachweis eines heute schon möglichen Einsatzes der entwickelten Vorgehensweise in der industriellen Praxis andererseits wird in Kap. 8 die im Ist-Zustand erreichte technische Verfügbarkeit einer in der Serienproduktion eingesetzten Transferstraße zur Vielpunktschweißung von Pkw-Türen und die durch ausgewählte Maßnahmen erreichbare Verfügbarkeitsverbesserung einschließlich der Kostenauswirkungen quantifiziert angegeben.

Um sich auf die Lösung der gestellten Aufgabe konzentrieren zu können, wurde auf eine ausführliche Darlegung bzw. Herleitung der mathematischen Grundlagen für die Problemlösung verzichtet. Eine kurze Übersicht ist im Anhang getrennt aufgeführt, zumal über diese mathematischen Grundlagen umfangreiches Schrifttum vorliegt.

Mit zunehmender Automatisierung in den Fertigungsbereichen der Unternehmen wird der Investitionskostenbedarf für die Fertigungseinrichtungen weiter steigen. Nachdem zunächst die Hauptzeiten,danach die Nebenzeiten im Mittelpunkt der Rationalisierungsbemühungen standen,ist damit zu rechnen,daß zukünftig besonders bei hochautomatisierten und verketteten Fertigungseinrichtungen die bestehenden Nutzungsverluste durch systematische Beeinflussung von ungeplanten Stillstandszeiten verringert werden. Ein gezielter Einsatz verfügbarkeitserhöhender Maßnahmen kann aufgrund des zufallsabhängigen Auftretens technischer Störungen aber nur auf der Grundlage statistischer Stördaten und ihrer Analyse durchgeführt werden. Deshalb müssen zukünftig insbesondere bei neuartigen Fertigungseinrichtungen und -prozessen Stördaten systematisch erfaßt und ausgewertet werden,so daß sie im Verbund mit Kostendaten zur Absicherung von Investitionsentscheidungen zur Verfügung gestellt werden können.

10   Mathematischer Anhang

10.1   Wahrscheinlichkeit

Das Eintreten eines zufälligen Ereignisses a ist nicht vorher-
sehbar, dagegen wird erfahrungsgemäß bei wiederholter Beobachtung das betrachtete Ereignis mit einer bestimmten Häufigkeit
H_N eingetreten sein. Mit steigender Zahl N von Beobachtungen
wird der Grenzwert der relativen Häufigkeit h_a des zufälligen
Ereignisses a

$$h_a = \frac{H_N}{N} \; , \qquad (10.1)$$

im folgenden Wahrscheinlichkeit P(a) des Ereignisses a genannt,
entsprechend dem Bernoullischen Gesetz der großen Zahlen immer
besser erreicht:

$$P(a) = \lim_{N \to \infty} \frac{H_N}{N} \qquad (10.2)$$

In der Praxis liegen im allgemeinen nur endliche Werte für die
Anzahl von Beobachtungen vor, so daß die relative Häufigkeit
h_a als Schätzwert für die Wahrscheinlichkeit P(a) herangezogen
werden muß.

Der moderne Wahrscheinlichkeitsbegriff baut nach Kolmogoroff
/10.1/ auf drei mengentheoretischen Axiomen auf:

I.   Jedem zufälligen Ereignis a wird eine nichtnegative Zahl
       P(a) zugeordnet, für die gilt:
$$0 \le P(a) \le 1 \; . \qquad (10.3)$$

II.   Für die Wahrscheinlichkeit P(s) des sicheren Ereignisses
       s gilt:
$$P(s) = 1 \; . \qquad (10.4)$$

III.   Wenn sich zwei verschiedene Ereignisse a und b ausschlie-
       ßen, so gilt:
$$P(a \cup b) = P(a) + P(b) \; . \qquad (10.5)$$

Zwei Ereignisse a und b sind voneinander unabhängig, wenn gilt
$$P(a \cap b) = P(a) \cdot P(b) \; . \qquad (10.6)$$

Von Bedeutung ist für Zuverlässigkeitsberechnungen noch die
bedingte Wahrscheinlichkeit
$$P(a|b) = P(a \cup b) / P(b) \qquad (10.7)$$

und darauf aufbauend der Satz von der totalen Wahrscheinlichkeit:

$$P(a) = \sum_{i=1}^{\infty} P(a \cap b_i) = \sum_{i=1}^{\infty} P(a|b_i) \cdot P(b_i) \quad . \tag{10.8}$$

10.2 Zuverlässigkeits-Systemfunktion

Eine Menge von n Booleschen Zustandsvariablen X_i kann zu einer Zuverlässigkeits-Systemfunktion S zusammengefaßt werden. Eine Systemfunktion

$$S_S(X_1, X_2 \ldots X_n) = X_1 \cdot X_2 \cdot \ldots X_n \tag{10.9}$$

nimmt dann den Wert 1 an, wenn gilt:

$$X_1 = X_2 = \ldots = X_n = 1 \quad . \tag{10.10}$$

Dadurch ist die Systemfunktion eines Seriensystems definiert. Wenn die Systemfunktion S_P den Wert 0 annimmt unter der Bedingung

$$X_1 = X_2 = \ldots = X_n = 0 \tag{10.11}$$

liegt ein Parallelsystem vor. Dieser Zusammenhang läßt sich algebraisch darstellen als

$$S_P = 1 - (1-X_1)(1-X_2)\ldots(1-X_n) \quad . \tag{10.12}$$

Wie z.B. in /1.3/ dargestellt, gilt:

$$P(X_i = 1) = E(X_i) = p_i = R_i \quad . \tag{10.13}$$

Das bedeutet, daß man für die Wahrscheinlichkeit, daß $X_i = 1$ ist, den Erwartungswert von X_i und damit die Wahrscheinlichkeit p_i einsetzen kann. Diese Wahrscheinlichkeit ist dann die Betriebsdauerwahrscheinlichkeit R_i der i-ten Betrachtungseinheit. Folglich gilt:

$$P(S_S = 1) = R_S = R_1 \cdot R_2 \ldots R_n \tag{10.14}$$

und

$$P(S_P = 1) = R_P = 1 - (1-R_1)(1-R_2)\ldots(1-R_n) \quad . \tag{10.15}$$

Wenn man also für ein Fertigungssystem die Systemfunktion ermittelt hat, läßt sich bei statistisch unabhängigen Komponenten die Zuverlässigkeit des Systems bis zu einem Zeitpunkt t berechnen. So lautet z.B. für eine NC-Werkzeugmaschine mit den in Bild 3 dargestellten zuverlässigkeitsbestimmenden Komponenten die Wahrscheinlichkeit, daß die Systemfunktion $S_S = 1$ ist:

$$R_{NC} = R_1 \cdot R_2 \cdot R_3 \cdot R_4 \cdot R_5 \cdot R_6 \quad . \tag{10.16}$$

Wird nur z.B. der Leser als Ausweicheinheit doppelt ausgelegt, so lautet die neue Systemfunktion

$$R'_{NC} = R_1 \cdot R_2 \cdot R_3 \cdot R_4 \cdot R'_5 \cdot R_6 \quad ,$$

wobei

$$R'_5 = 1 - (1 - R_5)(1 - R_5) \quad .$$

Damit lautet die endgültige Form der Systemfunktion für die Werkzeugmaschine mit parallelgeschaltetem Reserve-Lochstreifen-leser:

$$R'_{NC} = R_1 \cdot R_2 \cdot R_3 \cdot R_4 \cdot [1 - (1 - R_5)(1 - R_5)] \cdot R_6$$

Die durch Gl. 10.14 und 10.15 beschriebenen prinzipiell verschiedenen Systemstrukturen entsprechen den in __Bild 72__ gezeigten Blockschaltbildern.

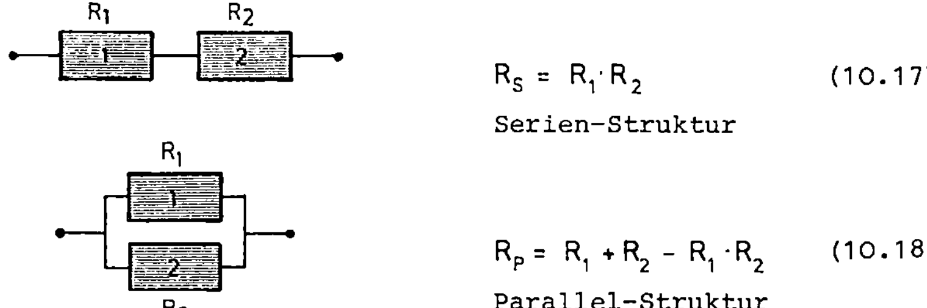

$$R_S = R_1 \cdot R_2 \qquad (10.17)$$

Serien-Struktur

$$R_P = R_1 + R_2 - R_1 \cdot R_2 \qquad (10.18)$$

Parallel-Struktur

__Bild 72:__ Darstellung der Serien- und der Parallel-Struktur

10.3 Differentialgleichungen des Markov- Modells

Wenn man X(t) als Zustand des Prozesses zum Zeitpunkt t bezeichnet dann heißt P(X(t)) die Zustandswahrscheinlichkeit des Prozesses zum Zeitpunkt t. Die Wahrscheinlichkeit

$$P[X(t) = i \mid X(t - \Delta t) = j] = p_{ij} \qquad (10.19)$$

ist die bedingte Wahrscheinlichkeit (Übergangswahrscheinlichkeit), daß der Prozess zum Zeitpunkt t im Zustand i ist unter der Bedingung, daß er im Zeitintervall zuvor im Zustand j war. In Fertigungssystemen kann Zustand "i" z.B. "keine Bearbeitungs-station im System gestört" bedeuten, Zustand j_1 kann dann heißen: "Eine Station gestört" usw. Wenn allgemein gilt

$$P[X(t) = i \mid X(t - \Delta t) = j_1, X(t - 2\Delta t = j_2, X(t - 3\Delta t) = j_3 \ldots] = P[X(t) = i \mid X(t - \Delta t) = j_1]$$

$$(10.20)$$

dann besitzt der Prozess die Markov-·Eigenschaft: Die Zukunft
des Prozesses hängt nur von der Gegenwart, nicht von seiner
Vergangenheit ab.
Der Prozess ist also nur vom vorhergehenden Zustand abhängig,
die weitere Vorgeschichte ist bedeutungslos; der Prozess ist
nachwirkungsfrei. Diese Voraussetzung muß für Fertigungssysteme stets dann gemacht werden,wenn sie im homogenen
Markov- Modell abgebildet werden. In der Praxis bedeutet das
z.B., daß eine Arbeitsstation innerhalb eines Fertigungssystems
nach Beendigung einer Instandsetzung als "neu" anzusehen ist;
eine Bedingung, die als häufig zutreffend angesehen werden
kann, sofern die Instandsetzung sorgfältig und nicht unter
Zeitdruck durchgeführt wurde.

Die für die Berechnung der zeitabhängigen Zustandswahrscheinlichkeiten

$$P_j(t) = P(X(t) = j)\qquad\qquad(10.21)$$

erforderlichen Differentialgleichungen ergeben sich aus der
Regel von der totalen Wahrscheinlichkeit (Gl.10.8):

$$P(X(t+\Delta t)=j) = \sum_{i=1}^{z} P(X(t+\Delta t)=j \mid X(t)=i) \cdot P(X(t)=i)\qquad(10.22)$$

wobei z= Anzahl der Zustände im diskreten Zustandsraum Z ist.
Durch Umformung wird daraus:

$$P_j(t+\Delta t) = \sum_{i=1}^{z} P_{j|i}\cdot\Delta t \cdot P_i(t)\qquad\qquad(10.23)$$

Durch Umformung wird daraus dann:

$$P_j(t+\Delta t) = \sum_{i=1}^{z} \lambda_{ij}\cdot\Delta t\cdot P_i(t) + P_j(t) + o(\Delta t)\qquad(10.24)$$

Wenn man auf beiden Seiten $P_j(t)$ subtrahiert, durch Δt
dividiert und $\Delta t \rightarrow 0$ gehen läßt, erhält man die gesuchte
Differentialgleichung.

$$\frac{d}{dt} P_j(t) = \sum_{i=1}^{z} \lambda_{ij}\cdot P_i(t)\qquad\qquad(10.25)$$

Durch Einsatz der Matrizenrechnung und der Laplace-Transformation läßt sich der Berechnungsgang weitgehend schemati-
sieren. Die Differentialgleichungen lassen sich auch anschaulich aus den Zustands-Übergangs-Graphen als Bilanzgleichung

der Wahrscheinlichkeitsströme an den Zustandsknoten gewinnen /5.2/. Die Pfeilrichtung entscheidet dabei über die
Vorzeichen.

Übergangsraten für zusammengefaßte Struktureinheiten

Nach Gl. 4.3 beträgt die Betriebsdauerwahrscheinlichkeit
R(t) von n in Serie geschalteten Betrachtungseinheiten

$$R_S(t) = \prod_{i=1}^{n} R_i(t) .$$
(10.26)

Bei exponential verteilten Werten für $R_i(t)$ ergibt sich daraus

$$R_S(t) = e^{\lambda_1 t} \cdot e^{\lambda_2 t} \cdot \ldots e^{\lambda_n t} .$$
(10.27)

Daraus folgt für Seriensysteme bei exponentialverteilten
Betriebsdauerverteilungen

$$\lambda_S = \sum_{i=1}^{n} \lambda_i .$$
(10.28)

Für die Instandsetzungsrate gilt bei einem Seriensystem

$$\mu_S = \frac{1}{n} \sum_{i=1}^{n} \mu_i ,$$
(10.29)

wenn man annimmt, daß nur jeweils eine Instandsetzung gleichzeitig durchgeführt wird.

Zustandswahrscheinlichkeit und Verfügbarkeit

Entsprechend Gl. 10.21 entspricht eine Wahrscheinlichkeit
$P_j(t)$ der Wahrscheinlichkeit, daß sich ein stochastischer Prozeß im Zustand j zum Zeitpunkt t befindet. Wenn -wie in Kap.
8.4.2 am Beispiel dargestellt- der Zustand O als Zustand
" Gesamtlage intakt " bestimmt wird, entspricht die Wahrscheinlichkeit $P_O(t)$ der Wahrscheinlichkeit, daß sich die betrachtete
Fertigungsanlage in funktionsfähigem Zustand befindet. Das
ist aber die Definition der Verfügbarkeit, so daß gilt

$$P_O(t) = V(t) .$$
(10.30)

Nach den gleichen Überlegungen läßt sich für die Zustandswahrscheinlichkeit π_O nach "unendlich" vielen Zustandswechseln schreiben

$$\pi_O = V(t \rightarrow \infty) .$$
(10.31)

10.4   Grenzverteilungen

Ist ein Markov-Prozess mit endlichem Zustandsraum irredu-
zibel, d.h. sind alle Zustände in einem endlichen Zustandsraum gegenseitig erreichbar, ist der Prozeß weiterhin
aperiodisch, d.h. kommt der Prozess nicht regelmäßig nach
n Schritten wieder in den selben Zustand, und sind alle
Zustände rekurrent, d.h. werden die Zustände im Laufe des
Prozesses mit Sicherheit wieder erreicht, so ergibt sich bei
einer gegen ∞ gehenden Anzahl von Zustandswechseln eine
Grenzwahrscheinlichkeit

$$\lim_{t \to \infty} p_i(t) = \pi_i \ . \tag{10.32}$$

Dieser Satz ist von zentraler Bedeutung für die Berechnung
von stationären Zuständen von Fertigungssystemen, denn man
muß nur noch die Lösung des Gleichungssystems

$$\pi_j = \sum_{i=1}^{z} \pi_i \cdot p_{ij} \tag{10.33}$$

unter Beachtung von

$$\sum_{i=1}^{z} \pi_i = 1 \tag{10.34}$$

suchen. z ist dabei wieder die Anzahl von Zuständen im
Zustandsraum Z.

Die Eigenschaften "Rekurrenz" und "Aperiodizität" werden
zusammenfassend "Ergodizität" genannt. Die Ergodizität von
fertigungstechnischen Prozessen ist eine notwendige Eigenschaft für das Berechnen von stationären Grenzverteilungen.
Die stationäre Verfügbarkeit eines Fertigungssystems läßt
sich dann aus den stationären Grenzverteilungen einfach
berechnen.

10.5   Semi-Markov-Prozesse

Für die Anwendung von Markov-Prozessen muß man fordern,
daß die Verweildauern des Prozesses in den einzelnen
Zuständen einer Exponentialverteilung genügen. Wenn diese
Forderung nicht erfüllt ist, muß man auf die Theorie der
Semi-Markov-Prozesse übergehen /10.2/.

IPA Forschung und Praxis

Schriftenreihe aus dem Institut für Produktionstechnik und
Automatisierung, Stuttgart

Herausgeber: Prof. Dr.-Ing. H. J. Warnecke

Stufenweise Ableitung eines praktischen Planungssystems für den Entwicklungsbereich
Von R. Hichert. ISBN 3-7830-0149-8.
1978, 151 Seiten, kartoniert.   52,— DM

Produktionsplanung mit Auftragsfamilien
Von U. W. Geitner. ISBN 3-7830-0161.7.
1979, 110 Seiten, kartoniert.   45,— DM

Thermisch-chemisches Entgraten
Von T. Wagner. ISBN 3-7830-0164-1.
1979, 111 Seiten, kartoniert.   45,— DM

Untersuchung der Materialflußkosten bei ausgewählten Systemen der Zentralen Arbeitsverteilung
Von R. Wenzel. ISBN 3-7830-0162-5.
1979, 168 Seiten, kartoniert.   86,— DM

Anpassung und Einführung eines Planungssystems für die Ablaufplanung im Konstruktionsbereich
Von W. Dangelmaier. ISBN 3-7830-0163-3.
1979, 168 Seiten, kartoniert.   80,— DM

Längenmessungen an bewegten Teilen mit berührungslos wirkenden Aufnehmern
Von H. Lang. ISBN 3-7830-0157-9.
1979, 89 Seiten, kartoniert.   42,— DM

Untersuchung multistabiler Strömungselemente und ihr Einsatz in sequentiellen Steuerungen
Von A. Ernst. ISBN 3-7830-0157-9.
1979, 122 Seiten, kartoniert.   48,— DM

Taktile Sensoren für programmierbare Handhabungsgeräte
Von M. Schweizer. ISBN 3-7830-0158-7.
1979, 91 Seiten, kartoniert.   42,— DM

Die rechnerunterstützte Prüfplanung
Von P. Bläsing. ISBN 3-7830-0152-8.
1979, 100 Seiten, kartoniert.   44,— DM

Verfahren zur Fabrikplanung im Mensch-Rechner-Dialog am Bildschirm
Von W. Ernst. ISBN 3-7830-0156-0.
1979, 218 Seiten, kartoniert.   72,— DM

Rechnerunterstütztes Verfahren zur Leistungsabstimmung von Mehrmodell-Montagesystemen
Von M. Görke. ISBN 3-7830-0155-2.
1979, 139 Seiten, kartoniert.   50,— DM

Standortbezogene Betriebsmittel
Von G. Pflieger. ISBN 3-7830-0167-6.
1979, 127 Seiten, kartoniert.   52,— DM

Die betriebswirtschaftliche Beurteilung neuer Arbeitsformen
Von B.-H. Zippe. ISBN 3-7830-0168-4.
1979, 350 Seiten, kartoniert.   98,— DM

Untersuchung des Arbeitsverhaltens programmierbarer Handhabungsgeräte
Von B. Brodbeck. ISBN 3-7830-0169-2.
1979, 117 Seiten, kartoniert.   48,— DM

Untersuchung eines kohärent-optischen Verfahrens zur Rauheitsmessung
Von N. Rau. ISBN 3-7830-0174-9.
1979, 117 Seiten, kartoniert.   48,— DM

Entwicklung einer programmierbaren, pneumatischen Steuerung
Von D. Klemenz. ISBN 3-7830-0171-4.
1979, 93 Seiten, kartoniert.   42,— DM

Diese Berichte sind zu beziehen durch den Krausskopf-Verlag, Lessingstraße 12, 6500 Mainz

IPA Forschung und Praxis

Berichte aus dem Fraunhofer-Institut für Produktionstechnik und Automatisierung, Stuttgart, und dem Institut für Industrielle Fertigung und Fabrikbetrieb der Universität Stuttgart

Herausgeber: Prof. Dr.-Ing. H. J. Warnecke

Die Berichte 38 und folgende sind zu beziehen durch den Springer-Verlag, Berlin Heidelberg New York